快上手 蔬果汁

Vegetable & Fruit Juice

主编 / 杨晓佩

重庆出版集团 ⚙ 重庆出

图书在版编目（CIP）数据

快上手蔬果汁/杨晓佩主编. —重庆:重庆出版社,
2015.7
　　ISBN 978-7-229-09838-4

　　Ⅰ.①快…　Ⅱ.①杨…　Ⅲ.①蔬菜－饮料－制作②果
汁饮料－制作　Ⅳ.①TS275.5

中国版本图书馆CIP数据核字(2015)第100314号

快上手蔬果汁
KUAISHANGSHOU SHUGUOZHI

杨晓佩　主编

出　版　人：罗小卫
责任编辑：刘　喆　赵仲夏
特约编辑：朱小芳
责任校对：何建云
装帧设计：金版文化・郑欣媚

重庆出版集团
重庆出版社　出版

重庆市南岸区南滨路162号1幢　邮政编码：400061　http://www.cqph.com
深圳市雅佳图印刷有限公司印刷
重庆出版集团图书发行有限公司发行
E-MAIL:fxchu@cqph.com　邮购电话：023-61520646
全国新华书店经销

开本：720mm×1016mm　1/16　印张：15　字数：300千
2015年8月第1版　　2015年8月第1次印刷
ISBN 978-7-229-09838-4
定价：29.80元

如有印装质量问题，请向本集团图书发行有限公司调换：023-61520678

丛书序

《汉书·郦食其传》中有云："民以食为天"。是指人民以粮食为自己生活所系，说明了食物对老百姓的重要性。那时候的人们对食物的看重，在于其能果腹而延续生命。

时至今日，在人民生活水平逐步提高的现代化社会中，食物的意义也得到了升华。食物不仅是维系生命的必需品，更成了享受生活的重要途径之一。比起只为了填饱肚子而吃，吃得健康、吃得美味变得日益重要起来。

爱吃美食，自然少不了到处寻觅美味。品尝过的美味多了，对美食的要求自然也提高了，久而久之，对市面上愈发雷同的菜肴也逐渐提不起食欲了。爱吃会吃的美食达人们为了让自己吃得更健康、更放心、更开心，开始自己动手在家研究制作美食，美食DIY的风气愈发浓厚。而作为"吃货"的我也对制作美食产生了浓厚兴趣，并乐此不疲，时间长了，也总结出了不少独家美食心得。

为了与大家分享我的厨房秘诀，我编写了这套"小厨娘之最爱美食"丛书。这套丛书包括《快上手蔬果汁》《快上手爱心烘焙》《多彩豆浆健康喝》《五谷杂粮健康吃》四个分册。将蔬果汁、烘焙点心、豆浆、五谷杂粮等日常生活中常见的饮品和美食精选精编，制成方便易学的食谱，呈现给热爱美食、热爱生活的您。

此外，本套丛书还为每道美食配上专属二维码，可以直接点开链接，并观看我烹制美食的高清视频。朋友们只需用手机扫一扫二维码，就能立即跟着我一起动手DIY属于自己的美食。这套将现代技术与传统图书集合一体的作品，能让大家的美食之旅变得更轻松简单。

最后，祝愿每一位读到这套"小厨娘之最爱美食"丛书的朋友，都能在书中找到您想要的美味。不管您是热衷美食的"吃货"，还是想要提升厨艺的料理新手，希望我的心血和努力，能为您的生活增添一些清新、一些美好。

小厨娘 杨晓佩

序言

美好的事物总能给人以美的享受，食物也不例外。想象在一个雨后的清晨，在一个慵懒的午后，在一个工作疲惫的深夜，自己动动手，制作一杯色彩清新、营养丰富的蔬果汁，该是一件多么惬意又浪漫的事情。

新鲜的蔬菜和水果，是人们日常膳食的重要组成部分之一，也是广受喜爱的保健食物。美国的《果汁使你健康》一书中曾提到，新鲜蔬果汁可增强人体免疫力，帮助人们保持健康状态。每一种蔬菜和水果都能够为人体提供其独特的植物营养素以及生命活性物质。只要运用得当，简单的新鲜蔬果也能发挥大作用。

在这本《快上手蔬果汁》中共介绍了147款自制饮品，分别为67款新鲜蔬果汁、53道风情下午茶、16款营养豆浆及11例冰爽冷饮。在书中，我不仅为大家详细介绍了每款饮品的具体做法，也讲解了制作中的一些常识，包括多种蔬果物语、制作窍门、食用小贴士、营养功效、自制蔬果汁所需要的工具详解、蔬果汁原料的挑选、清洗与保存、制作下午茶的注意事项等。

为了让各位读者能更快捷、更方便地学习，我特地将书中饮品都配上二维码，只要用手机轻轻一扫，点开链接播放视频，就可以了解制作过程中的更多细节。每一款蔬果汁都有自己的性格，不同的时间，不同的地点，不同的心情，都有最适合您握在手心的一抹清新。我将心意倾注在每一段饮品配文中，讲述它们的故事，带它们走进您的生活，也盼您能懂得它们的好。

生活的脚步是急促的，但偏偏只有慢下来，才可以安享静好时光。我相信，饮一杯蔬果汁的时间，就足够重燃您对生活的激情，使您在纷繁的世界中，找到属于自己的一份闲适和最顺遂心愿的美好未来。

小厨娘 杨晓佩

目 录

第一章
领鲜第一步，自制饮品的必备知识

第二章

休闲时刻，最爱养生蔬果汁

第三章
温暖午后，尽享暖心下午茶

第四章
健康生活，就喝五谷豆浆

第五章
缤纷夏日，唯爱冰爽冷饮

领鲜第一步，自制饮品的必备知识

无添加的健康DIY，是小厨娘日常生活中的最爱。

倾注毫无保留的热情，抒写满含心意的饮品心得，才得以做出这样一杯营养饮品，小小发挥，却给生活带来了无限乐趣。

本章将介绍自制饮品的一些相关知识，包括自制蔬果汁必备的工具、原料的挑选、蔬果的清洗与保存方法，以及制作下午茶的注意事项等。

相信一定会为您DIY健康饮品提供完美的范本。

自制蔬果汁的常用工具

　　榨出美味蔬果汁的第一步就是要选用合适的榨汁工具，本节将向大家详细介绍各种类型榨汁机的使用方法及相关的注意事项，相信一定可以为你完美榨出果汁提供帮助。

榨汁搅拌机

　　榨汁搅拌机的功能较单一，因为制作过程中不能加水，使得榨出来的汁液更纯粹，所以主要用来榨纯果汁。

　　将水果、蔬菜等材料切成一定的形状，放到加料口进行加工，在刀网高速运转中将肉与汁分离，即成纯果汁。

注意事项

1 机座严禁放入到任何液体当中，可以使用潮湿的布料进行清理。
2 不能用研磨剂等清洁材料进行清洗，部件不能放入洗碗机中进行清洗，也不能放入消毒柜中消毒。
3 刀片装置边缘很锋利，清洁的时候注意安全，不要用手直接清洗。
4 禁止加入热的食材进行搅拌，所搅拌食材的温度一定不能超过40℃。

选购技巧

1 购买之前先试用一下，仔细检查榨汁搅拌机工作过程中是否有异常的噪音、气味、烟雾等。
2 关注搅拌刀盘和搅拌杯连接处是否有漏水，防水圈是否有扭曲和折皱。

多功能榨汁机

多功能榨汁机是榨汁机中最为常见的一款，它能够利用机械的方法将水果或蔬菜压榨成汁，不仅能够用于榨汁，而且同时具备搅拌的功能。日常生活中的许多蔬果，例如香蕉、桃子、木瓜、芒果、香瓜以及西红柿等都含有细纤维，比较适合使用这款多功能的榨汁机来制蔬果汁，因为这些蔬果会留下细小的纤维和果渣，和果汁混合后会呈浓稠状，使蔬果汁不但美味而且还有很好的口感。此外，含纤维较多的蔬菜和水果，也可以用这款多功能的果汁机搅拌至碎，然后再用筛子过滤。

注意事项

1 使用之前一定要正确摆放，将多功能榨汁机以水平的方式放在坚固的柜台上，如果柜台倾斜或表面不平，容易导致机械发生故障。

2 在榨汁机工作的过程中，禁止将手或搅拌棍等伸入或插入到榨汁机中，以免榨汁机转动时发生危险。

3 在使用之前，最好先检查电线，避免在使用过程中出现电线插头接触不良或电线受损的情况，防止发生触电及火灾。

4 榨汁机尽量要安装在通风条件良好的地方，而且最好能够保证机器的周围有一定的空间。

选购技巧

1 在购买多功能榨汁机的时候，除了关注产品功能之外，还要特别注意机器的配件是否容易安装。

2 在购买时最好选用底部带有防滑软垫的机型，这样能够避免因为桌面残留水渍等引起的榨汁机在榨汁过程中滑落的危险状况。

3 在购买的时候最好先考虑容量的大小是否符合自己的需求。

果汁机

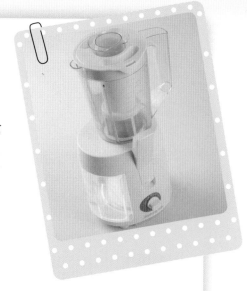

　　果汁机，又叫榨汁机，可用于榨汁、搅拌、切割、研磨、碎肉、碎冰等。

　　这种果汁机与普通榨汁机的区别在于，它将多功能榨汁机和榨汁搅拌机的功能结合了起来，上半部分为多功能榨汁机，下半部分为榨汁搅拌机。

　　上半部分的功能与多功能榨汁机类似，不同之处在于构造，其内部装有滤网，在榨汁时，将水果、蔬菜等放入滤网内部后榨取果汁，果渣会被直接隔离，而倒出来的就是纯净的果汁。

注意事项

1　严禁直接用水冲洗主机。

2　在没有装置杯子之前，不要用手触动内置式开关。

3　榨汁机停止工作时，一定要先断开电源再倒取果汁。

豆浆机

　　豆浆的营养价值很高，是一款十分理想的健康饮品。随着越来越多家庭健康意识的增强，自制豆浆已经较为普及，家用自动豆浆机也受到了人们的广泛青睐。豆浆机就是用于干豆制浆，同时帮助保留营养的一款机器。

注意事项

1　制作豆浆时，请一定要将水加至上、下水位刻度线之间，豆浆机具有无水防干烧功能，如果杯内无水或水位过低，机器将不会工作，这样是为了保证使用的安全。

2　在豆浆机制浆完成后，不要进行二次加热、打浆，否则会造成黏杯、煳锅。

3　机器在制浆过程中，温度较高，杯口有少量水蒸气冒出，这时候不能靠太近，以防烫伤。

4　豆浆制作完毕时，由于全钢下盖的温度较高，请勿直接用手触碰，以防烫伤。

5　多次制浆操作之间，每次需间隔10分钟以上，待电机完全冷却后再进行下一次操作，否则将影响机器使用寿命。

选购技巧

1　了解机器所用的材质和配件来源。

2　购买家庭豆浆机时最好根据人口的多少选择不同容量的豆浆机。

3　在购买之前最好请销售员示范一次具体操作，避免购买后出现组件无法组装或不会操作的问题。

蔬果汁原料的 挑选、清洗与保存

在蔬果汁原料的选择上，我们需要精挑细选，才能为蔬果汁的美味营养提供第一手最优质的原料。除此以外，还有蔬果汁的清洗和保存，这些同样是自制蔬果汁过程中的要点。

正确挑选蔬菜和水果

很多人自制蔬果汁时感觉果汁口感不佳，殊不知，榨蔬果汁也是有讲究的。其中，正确挑选蔬菜和水果就是一个重要的步骤，因为蔬果的新鲜与否，直接影响到蔬果汁的口感和味道。

挑选蔬菜的方法

1 **看颜色**：各种蔬菜都具有该品种固有的颜色、光泽，显示蔬菜的成熟度及鲜嫩程度。新鲜蔬菜不是颜色越鲜艳越好，但在购买时可以通过观察色泽来判断蔬菜成熟与否，未成熟的蔬菜不宜食用。

2 **看形状**：多数蔬菜具有新鲜的状态，如有蔫萎、干枯、损伤、变色、病变、虫害侵蚀，则为异常形态。还有的蔬菜由于人工使用了激素类物质，会长得畸形。

挑选水果的方法

1 **要看水果的外形、颜色**：尽管经过催熟的果实呈现出成熟的性状，但是也只会对某一方面有影响，果实的皮或其他方面还是会有不成熟的感觉。比如自然成熟的西瓜，由于光照充足，所以瓜皮花色深亮、条纹清晰、瓜蒂老结；而催熟的西瓜瓜皮颜色鲜嫩、条纹浅淡、瓜蒂发青。人们一般比较喜欢"秀色可餐"的水果，而实际上，其貌不扬的水果倒是更让人放心。

2 **通过闻水果的气味来辨别**：自然成熟的水果，大多在表皮上能闻到一种果香味；催熟的水果没有果香味。催熟的果子散发不出香味，催得过熟的果子往往能闻得出发酵气息，注水的西瓜能闻得出自来水的漂白粉味。

正确清洗蔬菜和水果

夏天是食用蔬菜和水果相对较多的季节，因为它们能帮助补充人体因酷暑排汗所流失的水分，但是，购买了蔬菜和水果之后，正确的清洗方法也是有讲究的，有一些蔬果的表皮可能有残余的农药，清洗是否到位会直接影响食用后的效果。

清洗蔬菜的几种方法

1 **淡盐水浸泡**：一般蔬菜先用清水至少冲洗3~6遍，然后放入淡盐水中浸泡30分钟~1小时，再用清水冲洗1遍。

2 **碱洗**：先在水中放上一小撮碱粉或碳酸钠，搅匀后再放入蔬菜，浸泡5~6分钟，再用清水漂洗干净。也可用小苏打代替，但要适当将浸泡时间延长到15分钟左右。

3 **用开水泡烫**：在做青椒、花菜、豆角、芹菜等蔬菜时，最好先用开水烫一下，可清除残留农药。

清洗水果的方法

1 **用盐水清洗**：将水果浸泡于加盐的清水中约10分钟（清水：盐＝500克：2克），再以大量的清水冲洗干净。

2 **削皮**：清除水果上残留农药的最佳方式是削皮，如柳橙、苹果等，均应削皮后再食用。

3 **用海绵或菜瓜布将表皮搓洗干净**：若是连皮品尝的水果，如杨桃、番石榴，则务必先以海绵或菜瓜布将表皮搓洗干净。

4 **用冷开水冲洗**：由于水果需要生食，因此最后一次冲洗必须使用冷开水。

正确保存蔬菜和水果

　　瓜果类蔬菜相对来说比较耐储存，因为它们具有一种成熟的形态，有表皮阻隔外界与内部的物质交换，所以保鲜时间较长。但是，越幼嫩的果实越不耐存放。

如何保存蔬菜

以下将为大家介绍叶菜类、根茎类、瓜果类、豆类蔬菜的保存方法。

1　**叶菜类**：最佳保存环境是0~4℃，可存放两天，但最好不要低于0℃。

2　**根茎类**：最佳保存环境是放在阴凉处，可存放一周左右；但不适合冷藏。

3　**瓜果类**：最佳保存环境是10℃左右，可存放一周左右，但最好不要低于8℃。

4　**豆类菜**：最佳保存环境是10℃左右，可存放5~7天，但最好不要低于8℃。

如何保存水果

　　水果保存不当将导致腐烂而无法食用，以下将为大家介绍水果正确的保存方法。

　　有些水果（如鳄梨、猕猴桃）在购买时尚未完全成熟，此时必须放置于室温下几天，待果肉成熟软化后再放入冰箱冷藏保存。如果直接将未成熟的水果放入冰箱，水果就成了所谓的"哑巴水果"，再也难以软化了。

　　而有些水果（如香蕉）则最好不要放于冰箱冷藏，否则会很快腐坏。其他大部分的水果可在冰箱冷藏一个星期左右。

自制蔬果汁中
最常选用的26种蔬果

　　想要自制一杯新鲜美味的蔬果汁，选对蔬果很重要，下面向大家介绍26种在制作蔬果汁过程中最常被用到的蔬果，相信一定可以满足你们贪馋的小嘴。

苹果 APPLE

◎**别名**：奈、奈子、频婆、平波

◎**营养成分**：苹果含有糖类、有机酸、果胶、蛋白质、钙、铬、锌和维生素A、B族维生素、纤维素，另含苹果酸、胡萝卜素等成分。

◎**营养功效**：①提神健脑：苹果是一种较好的减压补养水果，所含的多糖、钾、果胶等能有效减缓人体疲劳。②降低血糖：苹果中的胶质和铬元素能保持血糖的稳定。此外，苹果还有降低胆固醇、降低血压、预防癌症、强化骨骼、抗衰老等营养功效。

◎**处理要点**：用来榨汁的苹果最好削皮，以免表皮有残留农药、果蜡等物质。

梨 PEAR

◎**别名**：沙梨、白梨

◎**营养成分**：梨含有蛋白质、脂肪、糖类、粗纤维、镁、硒、钾、钠、钙、磷、铁、胡萝卜素、维生素B_1、维生素B_2、维生素C及膳食纤维等成分。

◎**营养功效**：①排毒瘦身：梨水分充足，富含多种维生素、矿物质和微量元素，能够帮助器官排毒。②开胃消食：梨能促进食欲，帮助消化，并有利尿通便和解热的作用。③消暑解渴：梨鲜嫩多汁、酸甜适口，常食具有消暑解渴的功效。

◎**处理要点**：将梨洗净削皮后食用。

香蕉 BANANA

◎ **别名**：蕉果

◎ **营养成分**：香蕉含碳水化合物、蛋白质、脂肪、多种微量元素和维生素等。

◎ **营养功效**：①增强免疫力：香蕉的糖分可迅速转化为葡萄糖被人体吸收，是一种快速的能量来源。②排毒通便：香蕉含有天然抗生素，可以抑制细菌繁殖，增加大肠里的乳酸杆菌，促进肠道蠕动，有助于排毒通便。

◎ **处理要点**：去皮后将香蕉肉切成小段榨汁食用。

西瓜 WATERMALON

◎ **别名**：寒瓜、夏瓜

◎ **营养成分**：西瓜含蔗糖、果糖、葡萄糖、维生素A、B族维生素、维生素C和大量的有机酸、氨基酸、磷、钙、铁等。

◎ **营养功效**：①消暑解渴：西瓜含有大量葡萄糖、苹果酸、果糖、蛋白氨基酸、番茄素及丰富的维生素C等物质，能起到消暑解渴的作用。②增强免疫力：西瓜中含有大量的水分，可以改善口渴汗多的症状。

◎ **处理要点**：擦净外皮，剖开即食。

橙子 ORANGE

◎ **别名**：黄果、香橙、蟹橙、金球

◎ **营养成分**：橙子中含有丰富的果胶、蛋白质、钙、磷、铁及维生素B_1、维生素B_2、维生素C等多种营养成分，尤其是维生素C的含量最高。

◎ **营养功效**：①润肠通便：橙子所含的纤维素和果胶物质，可促进肠道蠕动，有利于清肠通便，排除体内有害物质。②增强免疫力：橙子中的维生素C含量丰富，能增强人体抵抗力。

◎ **处理要点**：榨汁前，先对半切开，再剥去外皮，切小块。

桃子 PEACH

◎ **别名**：佛桃、水蜜桃

◎ **营养成分**：桃子含蛋白质、脂肪、粗纤维、胡萝卜素、维生素B_1、钙、铁、磷以及柠檬酸、葡萄糖和挥发油等成分。

◎ **营养功效**：①补气益血：桃子的含铁量较高，是缺铁性贫血病人的理想食物。②缓解水肿：桃子中含钾多，含钠少，适合水肿病人食用。此外，桃子还能润肠通便、降低血压。

◎ **处理要点**：将少许食用碱放入清水中，将桃子放入水中浸泡5分钟，搅动几下，桃表皮上的绒毛会自动上浮，再用清水洗净。

柠檬 LEMON

◎**别名**：益母果、柠果、黎檬

◎**营养成分**：柠檬富含维生素C、糖类、钙、磷、铁、B族维生素、奎宁酸、柠檬酸、苹果酸以及大量的钾元素和少量的钠元素等。

◎**营养功效**：①美白护肤：鲜柠檬能防止和消除皮肤色素沉着，使皮肤白皙。其独特的果酸成分可以软化角质层，令皮肤变得白皙而富有光泽。②增强免疫力：柠檬富含糖类、钙、维生素B$_1$、维生素B$_2$、柠檬酸等，可以预防感冒、增强免疫力。

◎**处理要点**：柠檬放入清水中浸泡洗净后，再对半切开。

葡萄 GRAPE

◎**别名**：草龙珠、山葫芦、蒲桃

◎**营养成分**：葡萄含有葡萄糖，同时还富含矿物质和维生素。

◎**营养功效**：①增强免疫力：葡萄营养丰富，味甜可口，主要含有葡萄糖，极易被人体吸收，能增强人体免疫力。②开胃消食：葡萄中所含的酒石酸能助消化，适量食用能和胃健脾，对身体大有裨益。

◎**处理要点**：将葡萄一粒一粒剪下，放入清水中浸泡，加入适量面粉，轻轻搓洗葡萄，倒掉水，再冲洗几遍即可。

草莓 STRAWBERRY

◎**别名**：洋莓、红莓、蚕莓

◎**营养成分**：草莓富含果胶、胡萝卜素、维生素B$_1$、维生素B$_2$、维生素B$_3$、柠檬酸、蔗糖、果糖以及钙、钾、铁等成分。

◎**营养功效**：①消暑解渴：草莓营养丰富，富含多种有效成分，有解热祛暑之功效。②促进消化：草莓中含丰富的维生素C，有促进胃肠蠕动、促进消化的功效。

◎**处理要点**：买回来的草莓先不要去蒂和叶子，放入水中浸泡15分钟，这样可让大多数的农药随水溶解。

樱桃 CHERRY

◎**别名**：莺桃、樱株、车厘子

◎**营养成分**：樱桃含碳水化合物、蛋白质、维生素A、维生素P以及钾、钙、磷、铁等矿物质。

◎**营养功效**：①收涩止痛：樱桃可以治疗烧烫伤，起到收敛止痛、防止伤处起泡化脓的作用。同时樱桃还能治疗轻、重度冻伤。②养颜驻容：樱桃中的糖、磷、胡萝卜素、维生素C等均比苹果、梨高，经常食用，可使皮肤红润嫩白，去皱消斑。

◎**处理要点**：樱桃可用盐水浸泡15分钟后再食用。

菠萝 PINEAPPLE

◎**别名**：凤梨、番梨、露兜子

◎**营养成分**：菠萝含有蛋白质、原糖、蔗糖、碳水化合物、有机酸、氨基酸、维生素B_2、胡萝卜素、维生素B_1等。

◎**营养功效**：①消暑解渴：菠萝具有解暑止渴、消食止泻之功效，为夏季医食兼优的时令佳果。②美白护肤：丰富的B族维生素能有效地滋养肌肤，防止皮肤干裂。

◎**处理要点**：先切掉菠萝的底端，再大面积地切掉果皮，再用尖角水果刀挖掉残留在果肉内的菠萝刺。

火龙果 DRAGON FRUIT

◎**别名**：青龙果、红龙果、龙珠果

◎**营养成分**：火龙果含有白蛋白、维生素E、花青素、维生素C、胡萝卜素等。

◎**营养功效**：①美白护肤：火龙果中富含抗氧化剂维生素C，具有美白护肤、防黑斑的营养功效。②延缓衰老：红肉火龙果中的花青素是一种抗氧化剂，能对抗自由基，可延缓衰老。

◎**处理要点**：用刀将火龙果对半破开，可以用勺子将果肉挖出，再将果肉放入榨汁机中榨汁。

猕猴桃 KIWIFRUIT

◎**别名**：狐狸桃、野梨、洋桃

◎**营养成分**：猕猴桃含有多种维生素、脂肪、氨基酸、蛋白质和钙、磷、铁、镁、果胶等，其中维生素C含量很高。

◎**营养功效**：①降低血脂：猕猴桃中含有的膳食纤维可以降低胆固醇，保护心脏。②开胃消食：猕猴桃中含有猕猴桃碱和多种蛋白酶，具有养胃健脾、助消化的功效。

◎**处理要点**：将猕猴桃对半切开，用勺子将果肉完整地挖出，切成小丁。

柚子 POMELO

◎**别名**：文旦、气柑

◎**营养成分**：含有丰富的蛋白质、糖类、有机酸及维生素A、维生素B_1、维生素B_2、维生素C、维生素P等营养成分。

◎**营养功效**：①增强免疫力：柚子有增强体质的功效，它能帮助身体更易吸收钙及铁质。②降低血糖：新鲜的柚子肉中含有作用类似于胰岛素的铬元素，能降低血糖。

◎**处理要点**：在柚子顶部切开小口，将勺子沿着果肉内壁向里插，转动勺子，使果肉与果皮分离。

荔枝 LITCHI

◎**别名**：妃子笑、丹荔

◎**营养成分**：荔枝含有丰富的糖分、蛋白质、脂肪、柠檬酸、果胶、维生素B_1、维生素B_2等。

◎**营养功效**：①增强免疫力：荔枝含有丰富的糖分、蛋白质、多种维生素、脂肪等，具有增强人体免疫力的功效。②美白护肤：荔枝拥有丰富的维生素，可防止雀斑，令皮肤更加光滑。

◎**处理要点**：将荔枝一个一个剪下洗净，再剥去外壳，去除核即可。

木瓜 PAWPAW

◎**别名**：瓜海棠、木梨、木李

◎**营养成分**：木瓜含番木瓜碱、木瓜蛋白酶、凝乳酶、胡萝卜素等，并富含17种以上氨基酸及多种营养元素。

◎**营养功效**：①降低血脂：木瓜中所含的齐墩果成分是一种具有护肝降酶、抗炎抑菌、降低血脂等功效的化合物。②排毒瘦身：木瓜中所含的木瓜蛋白酶具有减肥的作用。

◎**处理要点**：木瓜榨汁前应切长块，再横着切成小块，可大大缩短榨汁时间。

哈密瓜 CANTALOUP

别名：甘瓜、甜瓜、网纹瓜、果瓜

◎**营养成分**：哈密瓜含有丰富的维生素、粗纤维、果胶、苹果酸及钙、磷、铁等矿物质元素。

◎**营养功效**：①美白护肤：哈密瓜中含有丰富的抗氧化剂，而这种抗氧化剂能够有效增强细胞防晒的能力。②增强免疫力：哈密瓜能补充水溶性维生素C和B族维生素。

◎**处理要点**：哈密瓜削去外皮，去瓤，切成1厘米的小块再入榨汁机榨汁。

芒果 MANGO

◎**别名**：檬果、望果、羹仔、忙果

◎**营养成分**：芒果中含有丰富的蛋白质、粗纤维、胡萝卜素、维生素C、糖类等。

◎**营养功效**：①开胃消食：芒果的果汁能增加胃肠蠕动，使粪便在结肠内停留时间变短。②美白护肤：芒果的胡萝卜素含量特别高，能润泽皮肤，是女士们的美容佳果。

◎**处理要点**：芒果不宜在水中浸泡过长时间，否则芒果内的维生素会流失。

桑葚 MULBERRY

◎**别名**：桑粒、桑果

◎**营养成分**：桑葚果实中含有丰富的活性蛋白、苹果酸、葡萄糖、果糖、维生素、花色素、胡萝卜素等成分。

◎**营养功效**：①防癌抗癌：桑葚中所含的芸香苷、花色素、葡萄糖等成分，有预防肿瘤、防治癌细胞扩散的功效。②乌发美容：桑葚还含有乌发素，能使头发变得黑而亮泽。

◎**处理要点**：买回来的桑葚最好放入淡盐水中浸泡片刻后再食用或榨汁。

石榴 POMAGRANATE

◎**别名**：甜石榴、酸石榴、安石榴

◎**营养成分**：石榴含蛋白质、脂肪、膳食纤维、碳水化合物、维生素B_1、维生素B_2、维生素C、维生素E等。

◎**营养功效**：①抗氧化：石榴有奇特的抗氧化能力。②防治腹泻：石榴有明显的收敛作用，能够涩肠止血，加之具有良好的抑菌作用，所以是治疗腹泻、出血的佳品。

◎**处理要点**：用刀子环形在石榴顶上切一圈，这样能很快剥开石榴的皮。

黄瓜 CUCUMBER

◎**别名**：胡瓜、青瓜。

◎**营养成分**：含有蛋白质、食物纤维、矿物质、维生素、乙醇、丙醇等，并含有多种游离氨基酸。

◎**营养功效**：①排毒瘦身：黄瓜所含的丙醇二酸，可抑制糖类物质转变为脂肪，有排毒瘦身的功效。②抗衰老：黄瓜中含有丰富的维生素E、黄瓜酶，有很强的生物活性，可延年益寿。

◎**处理要点**：黄瓜尾部含有较多的苦味素，苦味素有抗癌的作用，不宜把黄瓜尾部全部丢掉。

西红柿 TOMATO

◎**别名**：番茄、番李子、洋柿子、毛蜡果。

◎**营养成分**：含有丰富的钙、磷、铁、胡萝卜素及B族维生素和维生素C等。

◎**营养功效**：①美容养颜：西红柿含胡萝卜素和维生素A、维生素C、维生素B_3等，有利于保持血管壁的弹性和保护皮肤。②降低血压：西红柿中的维生素C，可清热解毒、降低血压。

◎**处理要点**：用西红柿榨汁，最好将西红柿皮剥去，用开水烫一下表皮更容易剥去。

胡萝卜 CARROT

◎**别名**：红萝卜、金笋、丁香萝卜。

◎**营养成分**：富含糖类、蛋白质、脂肪、碳水化合物、胡萝卜素、B族维生素、维生素C。

◎**营养功效**：①增强免疫力：胡萝卜素转变成维生素A，有助于增强机体免疫力。②明目补肝：胡萝卜含有大量胡萝卜素，胡萝卜素对保护视力、促进儿童生长发育效果显著。

◎**处理要点**：胡萝卜洗净后要去皮，再切成0.5厘米的小块入榨汁机中榨汁。

西蓝花 BROCCOLI

◎**别名**：花椰菜、青花菜。

◎**营养成分**：含有蛋白质、碳水化合物、脂肪、矿物质、维生素C、胡萝卜素等营养成分。

◎**营养功效**：①防癌抗癌：西蓝花中含有维生素C、胡萝卜素和硒元素，具有防癌抗癌的作用。②保护肝脏：西蓝花中含有丰富的抗坏血酸，能增强肝脏的解毒能力，提高机体免疫力。

◎**处理要点**：切西蓝花时从西蓝花的头茎切入，不要切太深，然后用一点力切开或撕开。

白菜 CABBAGE

◎**别名**：大白菜、黄芽菜、黄矮菜、菘。

◎**营养成分**：含蛋白质、多种维生素、粗纤维、钙、磷、铁、锌等。

◎**营养功效**：①护肤养颜：白菜含有丰富的维生素C，常食可以起到很好的护肤养颜的效果。②促进发育：白菜中所含的锌也高于肉类和蛋类，有促进幼儿生长发育的作用。

◎**处理要点**：白菜应在榨汁前半小时在淡盐水中浸泡，然后沥干水分再切小。

菠菜 SPINACH

◎**别名**：赤根菜、鹦鹉菜、波斯菜、菠棱菜。

◎**营养成分**：含蛋白质、脂肪、碳水化合物、维生素、铁、钾、胡萝卜素、叶酸、草酸、磷脂等。

◎**营养功效**：①通肠导便：菠菜含有大量粗纤维，能促进肠道蠕动，利于排便。②延缓衰老：菠菜中的含有氟－生齐酚、6－羟甲基蝶陡二酮及微量元素等物质，有延缓衰老的作用。

◎**处理要点**：菠菜洗净后最好切成小段再榨汁。

制作下午茶和冷饮的注意事项

自制一杯下午茶或者冷饮，享受一段安逸时光，就如同在生活的布帛上织出闪光的星点，总是能给人愉悦的享受。下面向大家介绍在制作过程中需要注意的事项。

下午茶

下午茶也属于流行的餐饮形式之一，从总体上看，各地的下午茶都有着独特的习惯和茶点类别。下面主要为大家介绍几款常见的下午茶。

奶茶

将牛奶与茶融合，就成为了奶茶，兼具牛奶和茶的双重美味和营养。闲暇之时，或下午工作疲劳时，奶茶和点心无疑是下午茶的经典搭配，细细品味一杯香醇可口的奶茶，不失为一种缓解压力、享受生活的方式。

奶茶可以去油腻、助消化、消除疲劳，但奶茶具有脂肪高、热量高的特点，过多摄入会导致肥胖，因此不宜多喝。

制作奶茶时一定要先备好白糖、奶粉、炼乳、淡奶、果精等，第一次尝试做奶茶时一定要注意对各种材料用量的把握。最好的方法是开始放少一点，不够的时候再添加。原则上做到奶香浓郁、色泽乳白、甜度适中即可。

花草茶

在崇尚绿色、环保的今天，花草茶已经成为人们"回归自然、享受健康"的保健饮品，它常常作为下午茶饮用，带给人们纯净自然的生活方式。

花草茶对身体具有保健调养的功效，它富含B族维生素、维生素C、维生素E等抗氧化成分，具有滋养肌肤、预防青春痘、调理痛经、排毒瘦身等多重功效，常饮用可使人容光焕发、神清气爽。

冲泡花草茶的温度应该比冲泡一般茶叶要高，因此通常选用煲煮的方法。但是因为单纯的花草茶苦涩味还是较重，可以适当加入橙汁、蜂蜜等调和味道。

果醋

果醋中含有10种以上的有机酸和人体所需的氨基酸，有利于清除沉积的乳酸，起到消除疲劳的作用。此外，果醋还具有抗菌消炎、防治感冒、美容护肤和延缓衰老的作用。

果醋中丰富的营养价值使其深受大众的喜爱，但饮用果醋的时候需要注意，不要空腹食用，体质虚冷、肠胃虚弱者也不宜饮用过多。

制作果醋时需要特别注意的是控制湿度和温度，因为果醋的完成需要经过发酵，所以一定要密封保存，最好放进冰箱中。而且制作果醋所用的水果、果皮或果核必须用清水冲洗干净，然后拣去腐烂部位以及杂质，沥干水分后再使用。

冷饮

冷饮，一般指的都是清凉饮品，常常是含有冰或是冰镇过的饮品。冷饮具有消暑解热的作用，所以盛夏季节最为常见。下面主要为大家介绍奶昔和冰沙这两种常见的冷饮。

奶昔

奶昔是许多人夏天补充营养和能量的首选之一，奶昔不仅有着奶的浓香，也有冰激凌的甜蜜和冰爽。

奶昔富含维生素C、蛋白质、叶酸、碳酸钾和钙等多种营养成分。但食用时要控制摄入量，过量饮用会导致腹痛和腹泻。

制作奶昔最好先把冰块搅碎，或在完成后加入1~2勺冰激凌，这样口感更好。一般不建议将冻牛奶直接与材料搅拌，这样做出来的奶昔没有冰渣，口感欠佳。

冰沙

冰沙是夏季的一种冷饮，属降暑佳品。冰沙是由刨冰机刨碎的冰粒加上佐料制成的。冰沙的种类很多，而且口味多样化，是夏季的主打饮品之一。

传统冰沙的制作中不加任何的牛奶、奶油等成分，完全由糖水和新鲜的水果做成，健康又爽口，在没有食品料理机的情况下，可以用勺子将水果的果肉压成泥或捣碎。此外，在制作过程中，如果可以加入适量的柠檬汁，会显著提升冰沙的口感。

第二章

休闲时刻，
最爱养生蔬果汁

斑斓多姿的蔬菜水果是大自然赠予我们的神奇礼物，

正因为它们，

生活才有了丰富的色彩。

这些蔬菜水果在小厨娘手中变成了一杯杯精致的饮品，

用自然馈赠调制出的绚丽色彩，

比家里成堆的护肤品，

更能让您的肌肤焕发青春活力，

也让生活变得更有滋味。

本章将主要介绍多款蔬果汁的做法，

并教您用便利的食材做出纯天然的健康饮品，

更有相应蔬果的营养小贴士，

相信一定能让您受益匪浅。

美容养颜　促进消化

橙子汁

这在枝头摇曳的金黄色果实，
是橙子树的太阳之心，散发着暖暖的光晕。
它们奉献出汁液，告诉你、我、他，生命的鲜活如此动人。

◉ 原料 *Ingredients* •

橙子……300克

◉ 做法 *Directions* •

1　将橙子去皮取橙子肉，切小块。

2　准备好榨汁机，倒入橙子肉。

3　注入适量的纯净水，盖好盖子，启动榨汁机，约
　　搅打30秒即可（榨汁时间可视搅打程度而定）。

4　倒出榨好的新鲜橙汁，装入干净的杯子中，即可
　　饮用。

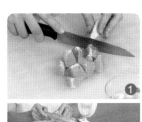

营养功效

　　橙子含有蛋白质、膳食
纤维、维生素C、维生素E、
钾、钠、钙、镁等营养成分，
具有促进消化、生津止渴、开
胃下气和改善便秘等功效。本
品尤其适合女性饮用。

| 养颜瘦身

鲜榨菠萝汁

发芽，成长，然后灿烂地盛开，
就算只是一朵菠萝花，也会努力长出骄傲的颜色，
彻底纯粹，不管任何时间，以何种姿态。

◉ 原料 *Ingredients* •

菠萝……300克

◉ 做法 *Directions* •

1 将去皮的菠萝取果肉，切小块，备用。

2 备好榨汁机，放入菠萝肉。

3 将榨汁机通电，倒入菠萝肉，启动榨汁机，将菠
萝榨成汁。

4 最后将榨好的菠萝汁装入杯中即可饮用。

营养功效

　　菠萝含有B族维生素、
维生素C、柠檬酸、蛋白酶及
磷、钾、钠、锌、铁等营养
成分，具有养颜瘦身、解暑止
渴、改善血液循环、降血脂、
消除水肿、消食止泻等功效。

| 开胃解乏　美容养颜

菠萝橙汁

一个人在家的时候，哼哼、跳跳，找到属于自己最放松的方式。
捧出最爱的菠萝和橙子，给舌尖上的味蕾来一场酸酸甜甜的盛宴。
让拉风的个人舞来得更起劲吧！

◉ 原料 *Ingredients* •

菠萝肉……100克

橙子肉……70克

◉ 做法 *Directions* •

1　菠萝去皮，取肉，切块，再切小丁。

2　将橙子去皮，取肉，切成小块，备用。

3　取榨汁机，倒入切好的水果，注入适量纯净水，盖好
　　盖子，启动榨汁机，将果肉榨成汁。

4　最后倒出果汁，装入杯中即成。

营养功效

　　菠萝含有胡萝卜素、硫胺
素、核黄素、维生素C、菠萝
酶等营养成分，有促进肠胃蠕
动、缓解疲劳等功效；橙子富
含维生素C，能美容养颜、焕
发活力。本品适合女性饮用，
可促进食欲、美容养颜。

排毒养颜　美白瘦身

菠萝排毒果汁

每个人的身体里都住着最漂亮的自己。

但尘世里总有那么多的遮蔽，寻寻觅觅，寻寻觅觅。

喝一杯涤荡身心的排毒果汁，于过去、现在、将来之中，遇见最好的自己。

◉ 原料 *Ingredients* •

胡萝卜……85克

菠萝肉……75克

柠檬汁……30毫升

蜂蜜……25克

◉ 做法 *Directions* •

1 将菠萝、胡萝卜洗净，去皮，切小块。

2 将切好的胡萝卜和菠萝肉倒入榨汁机中，并放入备好的柠檬汁和适量纯净水。

3 盖好盖子，启动榨汁机，榨出蔬果汁。

4 将蔬果汁倒入杯子中，加少许蜂蜜，搅拌均匀即可饮用。

营养功效

菠萝含有蛋白质、烟酸、钾、钠、锌、钙等营养成分，具有促进血液循环、健胃消食、清热解毒等功效；柠檬汁具有美白瘦身的作用。本品尤其适合女性饮用，对塑形、养颜都有一定好处。

冬瓜菠萝汁

补水养生 细腻皮肤

◉ 原料 *Ingredients* •

冬瓜肉……100克

菠萝肉……90克

◉ 做法 *Directions* •

1 将冬瓜以及菠萝去皮取肉，洗净，切小块。

2 将切好的冬瓜、菠萝倒入备好的榨汁机中，注入适量纯净水。

3 盖好盖子，启动榨汁机，榨出蔬果汁。

4 将蔬果汁倒入干净的杯子中，即可享用。

营养功效

　　冬瓜含有蛋白质、碳水化合物、膳食纤维、抗坏血酸、维生素E、核黄素、钾、钠、磷等营养成分，具有补充肌肤水分、细腻皮肤、促进消化等功效。本品具有抗衰老的作用，可保持皮肤润泽光滑。

鲜榨苹果汁

调理肠胃 放松心情

◉ 原料 *Ingredients* •

苹果……300克

─── **营养功效** ───

　　苹果是一种常见的水果，含有蛋白质、膳食纤维、维生素A、果胶、维生素C、钙、磷、镁、钾等营养成分，具有扩张血管、调理肠胃、润肺、瘦身等功效。本款苹果汁具有愉悦身心、放松心情的作用。

◉ 做法 *Directions* •

1 将苹果洗净后，切成小块。

2 将部分切好的苹果倒入榨汁机中，通电后，按榨汁键，榨取苹果汁。

3 将部分苹果块榨汁后，再倒入余下的苹果块，榨取苹果汁。

4 将榨好的苹果汁过滤后倒入杯中，即可饮用。

芹菜苹果汁

美容养颜　生津止渴

◉ 原料 *Ingredients* •

苹果……125克

芹菜……45克

◉ 做法 *Directions* •

1　芹菜洗净后切小段，苹果洗净后切小块。

2　取出备好的榨汁机，倒入切好的芹菜和苹果。

3　在榨汁机中注入适量纯净水，盖好盖子，启动
　　按钮，将蔬果搅打成汁。

4　可将汁液过滤后再倒入干净的杯子中，以免渣
　　粒影响口感。

营养功效

　　苹果含有蛋白质、苹果酸、碳水化合物、铜、碘、锰、锌、钾等营养成分，具有生津止渴、健脾益胃等功效；芹菜对降血压非常有益。本品可美容养颜、生津止渴，长期饮用能远离疾病困扰。

养颜安神 美白护肤

奶香苹果汁

◉ 原料 *Ingredients* •

纯牛奶……120毫升

苹果……100克

◉ 做法 *Directions* •

1 洗净的苹果取果肉，切小块。

2 取榨汁机，选择搅拌刀座组合，倒入切好的
  苹果。

3 再注入适量纯牛奶，榨取果汁。

4 最后倒出奶香苹果汁，装入杯中即成。

营养功效

牛奶含有蛋白质、磷脂、
钙等营养成分，具有补钙、缓
解压力、养胃安神等功效，女
性常饮还有美容美白的功效。

| 清燥润肺　促进消化

芹菜梨汁

◎ 原料 *Ingredients* •

雪梨……150克

黄瓜……100克

芹菜……85克

生菜……65克

◎ 做法 *Directions* •

1 洗净的黄瓜切小块；洗好的生菜切小段。

2 洗净的芹菜切小段；洗好的雪梨取果肉切
　小块。

3 取榨汁机，倒入适量的材料，榨成汁。

4 将榨好的蔬果汁滤入杯中即可。

营养功效

　　芹菜是一种低热量的营养蔬菜，常食用可以清燥润肺，促进胃肠蠕动；梨具有滋阴润肺的作用。本品可清热润肺。

养血生肌　美白瘦身

冰糖雪梨汁

◉ 原料 *Ingredients* •

雪梨……140克

冰糖……20克

柠檬片……少许

◉ 做法 *Directions* •

1　洗净的雪梨取果肉，切小块。

2　取榨汁机，放入雪梨、柠檬片，撒入少许冰糖，注入适量纯净水，盖上盖子。

3　选择"榨汁"功能，榨取果汁。

4　断电后倒出果汁，装入杯中即成。

营养功效

　　雪梨含有维生素A、维生素B$_1$、维生素C及苹果酸、柠檬酸、铁等营养成分，具有润燥去烦、清热化痰、养血生肌等功效；柠檬中含有的果酸可令皮肤变得美白而富有光泽。本品具有美白瘦身的作用。

| 促进消化　清心养胃

酸甜西瓜汁

⊙ 原料 *Ingredients* •

西瓜肉……125克

益力多（养乐多）……100毫升

蜂蜜……少许

⊙ 做法 *Directions* •

1　西瓜取肉切小块，倒入榨汁机中。

2　注入备好的益力多（养乐多）和蜂蜜，盖好
　　盖子。

3　选择果汁机的"榨汁"功能，榨取果汁。

4　断电后倒出果汁，装入杯中即成。

营养功效

　　益力多（养乐多）含有糖类、脱脂奶粉及活性乳酸菌群，具有促进消化、清洁肠胃等功效；西瓜能开胃消食。

清热解暑　生津止渴

清凉西瓜汁

◉ 原料 *Ingredients* •

西瓜……300克

◉ 做法 *Directions* •

1　西瓜去皮，取肉，切小块，备用。

2　准备好榨汁机，放入西瓜肉。

3　按"榨汁"键，榨出西瓜汁。

4　最后再将西瓜汁倒入杯中即可。

很多人不喜欢酷暑，
却会因为西瓜，而怀念大汗淋漓的酣畅。
爱屋及乌，喜爱的本能总大于厌恶的自觉。

营养功效

　　西瓜含有蛋白质、葡萄糖、蔗糖、果糖、苹果酸、钙、铁、磷等营养成分，具有清热解暑、生津止渴的功效。

梦幻杨梅汁

养胃健脾　排毒养颜

◉ 原料 *Ingredients* ●

杨梅……100克

白糖……15克

◉ 做法 *Directions* ●

1　洗净杨梅后，取果肉，切成小块状。

2　取备好的榨汁机，倒入杨梅果肉，然后加入少许白糖，注入适量纯净水。

3　盖好盖子，启动榨汁机，将果肉搅打成汁。

4　将杨梅汁倒入备好的干净杯子中即可。

营养功效

　　杨梅含有蛋白质、纤维素、维生素、果胶、钙、磷、铁等营养成分，具有生津解渴、和胃消食等功效；白糖是常用的调味剂，可润肺生津、补中缓急。本品适合夏季饮用，可养胃健脾、排毒养颜。

消暑解渴　补益脾胃

自制健康椰子汁

● **原料** *Ingredients* ●

椰肉……150克

鲜椰汁……250毫升

● **做法** *Directions* ●

1 将椰肉切成小块，取一碗纯净水，倒入椰肉块，清洗干净，待用。

2 取榨汁机，选择搅拌刀座组合，倒入洗好的椰肉块。

3 再注入适量的鲜椰汁，盖好盖子。

4 选择"榨汁"键开始榨汁，最后将椰子汁倒入杯中即可。

营养功效

椰肉含有蛋白质、B族维生素、维生素C、钾、磷、镁等营养成分，本品具有增强免疫力、补益脾胃等功效。

美容养颜 减压静心

猕猴桃汁

它像一块拥有最璀璨之心的翡翠，
集合了广泛的营养精华，显得神秘，富有吸引力。
拥有它，就好像拥有最奢华的礼物。

◉ 原料 *Ingredients* ●

猕猴桃……300克

◉ 做法 *Directions* ●

1 将猕猴桃洗净后，取果肉，切成均匀的小块。

2 取出备好的榨汁机，然后放入切好的猕猴桃，在榨汁机中注入适量纯净水。

3 盖好盖子，启动榨汁机，将猕猴桃均匀搅打成汁。

4 倒出榨好的猕猴桃汁，装入干净的杯子中即可饮用，如果放入冰箱冷藏后饮用，则口感更佳。

营养功效

猕猴桃含有蛋白质、维生素、果胶、钙、磷、铁、镁等营养成分，其中维生素C的含量在水果中是最高的，具有美容养颜、生津解热、止渴利尿、滋补强身等功效。

排毒养颜　健脾开胃

芹菜猕猴桃梨汁

清新的味道，翠绿的色彩，那是上天赠予的礼物。
赶走阴霾，留一扇窗让阳光照进来，
让心也清透一下吧。

◉ 原料 *Ingredients* •

雪梨……95克

猕猴桃……70克

芹菜……45克

◉ 做法 *Directions* •

1　芹菜洗净切小段；雪梨洗净切小块；猕猴桃洗净，取
　　果肉切丁。

2　取备好的榨汁机，选择搅拌刀座组合，倒入切好的食
　　材；注入适量纯净水，盖好盖子。

3　选择"榨汁"功能，榨取蔬果汁。

4　断电后倒出榨好的蔬果汁，装入杯中即成。

营养功效

　　猕猴桃含有蛋白质、维生素C、果胶、钙、磷、铁、镁等营养成分，可开胃健脾、助消化、防止便秘等；芹菜对降血压、排除毒素非常有益；梨可以生津止渴。女生常饮用可排毒养颜、健脾开胃。

| 顺气消食　养神补脑

猕猴桃菠萝苹果汁

它们或美味、或健康、或营养丰富，
携手焕发出的缤纷色彩艳丽夺目，
为您每个疲惫的午后送上一抹清新和一份惬意。

◉ **原料** *Ingredients* •

猕猴桃肉……120克

苹果……110克

菠萝肉……95克

◉ **做法** *Directions* •

1 猕猴桃肉切小块。

2 菠萝肉切小块。

3 洗净的苹果取肉切小块。

4 取榨汁机，倒入切好的水果，注入适量纯净水，榨成
汁后倒入杯中即可。

营养功效

　　猕猴桃含有维生素A、维生素C、叶酸、膳食纤维、钾等营养成分，具有生津解热、调中下气、止渴利尿、滋补强身等功效；苹果中含有丰富的维生素C，此饮品具有顺气消食，养神补脑的功效。

| 有益视力　润泽皮肤

芒果汁

热带里热浪翻腾，雨林中雨丝淅沥。

无论你是否喜欢，都应该去感受一下这灿烂天地里的热烈。

而其个中精妙，一杯芒果汁就足够诠释。

◉ 原料 *Ingredients* •

芒果……125克

白糖……少许

◉ 做法 *Directions* •

1　将洗净的芒果去皮，取果肉，切成小块。

2　将切好的芒果倒入准备好的榨汁机中。

3　加入少许白糖，并注入适量纯净水，盖好盖子后，启动榨汁机，开始榨汁。

4　将榨好的芒果汁装入杯中即可（冷藏后风味更佳）。

营养功效

　　芒果含有蛋白质、粗纤维、糖类、维生素A、维生素C等营养成分，具有生津止渴、益胃止呕等功效，可帮助缓解出游时晕车、晕船、呕吐不适等症。常饮用本品不仅有益视力，还可润泽皮肤。

排毒美容　增强体质

芒果双色果汁

下面淡黄，上面粉红，缀一片碧绿的薄荷叶，
是健康、美丽与一点诗意。
只要这样多做一点点，生活就会出现从量变到质变的奇迹。

◉ 原料 *Ingredients* •

酸奶……250克

西红柿……120克

芒果……95克

蜂蜜……25克

薄荷叶……少许

◉ 做法 *Directions* •

1　将干净的芒果肉及洗净的西红柿切成小块。

2　准备好榨汁机，倒入切好的芒果肉，并放入适量
　　酸奶，盖上盖子，榨出果汁后倒在杯中备用。

3　将切好的西红柿倒入榨汁机中，加入少许蜂蜜和
　　适量纯净水。

4　盖上盖，榨出汁后倒入杯中，点缀薄荷叶即可。

营养功效

　　西红柿含有维生素C、矿物质等营养成分，具有减肥瘦身、缓解疲劳、增进食欲、开胃消食等功效；酸奶能调节肠道、增强机体抗病的能力。女生经常饮用本品，可排毒美容、增强体质。

延缓衰老　养颜美白 |
石榴汁

你静静地看着这杯果汁。
是什么让你沉默？
是什么让你畅想？
我猜，是这粉红的色彩让你想起花与果的芬芳美丽。

◉ 原料 *Ingredients* •

石榴果肉……150克

蜂蜜……少许

◉ 做法 *Directions* •

1 取榨汁机，选择搅拌刀座组合，倒入备好的石榴果肉。

2 注入适量纯净水，盖好盖子。

3 选择"榨汁"键，榨取果汁。

4 断电后倒出石榴汁，装入杯中，再加入少许蜂蜜拌匀即可。

营养功效

　　石榴有奇特的抗氧化能力，有研究证实，每天少量饮用石榴汁，连续2周，可将人体氧化过程减缓40％。女性常饮，能够延缓衰老、美颜美白，是适合女性的健康饮品。

清火去燥　排毒瘦身

苦瓜汁

这个信息化的时代，双眼负荷不断增加。
健康成为越来越重要的追求，
你该拿出决心和勇气，喝下这浓浓的苦瓜汁。

◉ 原料 *Ingredients* •

苦瓜肉……100克

柳橙汁……120毫升

白糖……10克

◉ 做法 *Directions* •

1　将苦瓜洗净后去瓤，切成小块备用。

2　将切好的苦瓜肉放入准备好的榨汁机中，倒入柳
橙汁。

3　再倒入少许纯净水，加入适量白糖，盖好盖子，
启动榨汁机榨汁。

4　完成榨汁后倒出苦瓜汁，装入干净的杯子中即可
饮用，或冷藏后饮用，口感更佳。

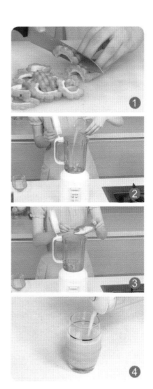

营养功效

　　苦瓜含有蛋白质、膳食纤
维、胡萝卜素、B族维生素、
钾、钠、钙、镁、铁等营养成
分，具有降血糖、清火去燥、
养心明目等功效。本品具有改
善体内脂肪平衡的作用。

塑身美容　清新祛火

蜂蜜苦瓜汁

它看起来莹莹如玉，尝起来甜蜜却又苦涩。
但只要你意识到它的清新与健康，
你就会觉得，它是那么值得拥有。

◉ **原料** *Ingredients* •

苦瓜……140克

黄瓜……60克

蜂蜜……少许

◉ **做法** *Directions* •

1　洗净的黄瓜切薄片。

2　洗好的苦瓜去瓤，再切片。

3　取榨汁机，倒入切好的黄瓜和苦瓜，加入少许蜂蜜，注入适量纯净水榨汁。

4　最后倒出榨好的蔬菜汁，装入杯中即成。

❶

❷

❸

❹

营养功效

　　苦瓜含有胡萝卜素、B族维生素、维生素E、苦瓜苷、钾、钠、钙等营养成分，具有增强免疫力、清心明目、降血糖、美容瘦身等功效。本品是女性夏季塑身、美容、养颜、清热的最佳选择。

胡萝卜汁

滋养皮肤 延缓衰老

◉ **原料** *Ingredients* •

胡萝卜……100克

◉ **做法** *Directions* •

1 将胡萝卜洗净后，均匀地切成小块。

2 取出备好的榨汁机，然后倒入胡萝卜块。

3 在榨汁机中注入适量纯净水，盖好盖子，启动榨汁机按钮，将胡萝卜搅打成汁。

4 将榨好的胡萝卜汁装入干净的杯子中即可。

营养功效

胡萝卜含胡萝卜素、B族维生素、维生素C、维生素D、维生素E、维生素K、钙、膳食纤维等营养成分，具有预防血管硬化、降低胆固醇含量、滋润皮肤、延缓衰老等功效。本品能滋养皮肤，健胃消食。

胡萝卜苹果汁

增强体质 防止辐射

◉ 原料 *Ingredients* •

苹果……100克

胡萝卜……95克

水发海带丝……40克

◉ 做法 *Directions* •

1 将洗净的胡萝卜切成小块；苹果取果肉切成小块。

2 锅中注入纯净水烧开，倒入胡萝卜和海带丝。盖好盖，用中火煮约4分钟，至食材熟软。

3 连汤水一起盛入碗中，放凉后倒入备好的榨汁机中，并放入切好的苹果。

4 盖好，榨出蔬果汁，倒入干净的杯中即可。

营养功效

胡萝卜富含多种维生素，可增强人体免疫力；苹果中所含的黄酮类物质是很好的血管清理剂，可预防癌症；海带中的多糖有防辐射的作用。本品具有良好的增强免疫力、防治疾病、改善人体体质的功效。

清热润燥　保肝明目

胡萝卜圣女果梨汁

梨亦是离，隔夜成伤。
有了胡萝卜的陪伴，圣女果的安慰，
摒弃掉心中的酸涩，原来痛楚只是短暂的。

◉ 原料 *Ingredients* •

雪梨……60克

圣女果……45克

胡萝卜……40克

◉ 做法 *Directions* •

1 洗净的雪梨去皮，切小块；洗好的胡萝卜切成小
　块，备用。

2 洗净的圣女果切开。

3 取榨汁机，放入雪梨、圣女果、胡萝卜，倒入纯
　净水，盖好盖子。

4 选择"榨汁"功能，榨取果汁，滤入杯中即可。

营养功效

　　雪梨含有蛋白质、钙、磷、苹果酸、胡萝卜素及多种维生素等营养成分，具有润肺、化痰、清热、解毒等功效；胡萝卜中含有胡萝卜素，具有保肝明目的作用。本品尤其适合夏季饮用。

| 保护视力　开胃消食
胡萝卜橙汁

◉ **原料** *Ingredients* •

胡萝卜……120克

橙子……80克

◉ **做法** *Directions* •

1 胡萝卜去皮、洗净，切成厚片，再改切小块，备用。

2 橙子去皮、核，取果肉，切成小块，备用。

3 取榨汁机，倒入切好的蔬果，注入适量的纯净水，榨成汁。

4 最后将榨好的蔬果汁装入杯中即成。

营养功效

　　胡萝卜具有促进食欲、补肝明目等功效；橙子中富含维生素C和胡萝卜素等，可保护视力、美容养颜。

西芹蜂蜜汁

润肺开胃　调节情绪

◉ 原料 *Ingredients* •

西芹……50克

蜂蜜……30克

营养功效

　　蜂蜜含有葡萄糖、柠檬酸、乳酸、丁酸、甲酸、苹果酸、镁、铁、铜等营养成分，具有生津止渴、润肺开胃、润肤增白等功效；西芹具有安定情绪、消除烦躁的作用。本品有助于帮助女生调节情绪。

◉ 做法 *Directions* •

1　西芹洗干净后，切成小段。

2　取备好的榨汁机，倒入切好的西芹，然后放入少许蜂蜜，注入适量的纯净水。

3　盖好盖子，启动榨汁机，榨取蔬菜汁。

4　将榨好的蔬菜汁倒入干净的杯子里即可。

延缓衰老 补充水分

黄瓜汁

最朴实的青翠，洋溢着最迷人的生气。
漫延如潮的清新，如同缭绕不绝的音乐。
你会赞美这种蔬果，因为它拥有如此纯美如甘露的特质。

◉ 原料 *Ingredients* •

黄瓜……140克

蜂蜜……25克

◉ 做法 *Directions* •

1 将洗净去皮后的黄瓜切成小块备用。

2 取备好的榨汁机，倒入黄瓜块，加入少许蜂蜜。

3 注入适量纯净水，盖好盖子，将黄瓜榨成汁。

4 最后再倒出榨好的黄瓜汁，装入杯中即可。

营养功效

　　黄瓜含有维生素B_2、维生素C、维生素E、糖类、蛋白质、胡萝卜素、钙、磷、铁等营养成分，有延缓衰老、补充水分、清热利尿等功效。本品可起到延缓衰老的作用。

| 抗衰减皱　增强体质

黄瓜柠檬汁

当清凉的黄瓜遇上酸爽的柠檬，就像恬静的人碰到了活泼分子，彼此相互吸引，配合无间。

于是，杯子里，就有了1加1大于2的美味。

◉ 原料 *Ingredients* •

黄瓜……100克

柠檬片……35克

◉ 做法 *Directions* •

1　将洗净的黄瓜去皮、瓤，切成均匀的小块。

2　取出备好的榨汁机，倒入切好的黄瓜，并放入适量柠檬片。

3　注入适量纯净水，盖好盖子，再启动榨汁机，开始榨汁。

4　倒出榨好的蔬果汁，装入杯中即可饮用，或冷藏后饮用，口感会更佳。

营养功效

柠檬含有维生素B_1、维生素B_2、维生素C、钙、磷、铁、钾等营养成分，具有增强血管弹性和韧性、增强免疫力等功效；黄瓜可抗衰减皱。本品具有延缓衰老、减少皱纹的功效。

消暑解渴　排毒瘦身 |

黄瓜菠萝汁

无论你在生活中是什么角色，必然有你关爱的人。
找个合适的时间，挑上新鲜的蔬果，
为他们制作一杯甜甜的饮品，使他们不再对你的爱感到迷茫。

◉ 原料 *Ingredients* •

菠萝肉……100克

黄瓜……70克

橙子肉……60克

◉ 做法 *Directions* •

1　将洗净的菠萝肉、黄瓜以及橙子肉均切成小块。

2　准备好榨汁机，倒入切好的食材，然后加入适量
　　纯净水。

3　盖上盖子，启动榨汁机，榨出蔬果汁。

4　将榨好的蔬果汁倒入杯子中。

营养功效

　　菠萝含有果糖、葡萄糖、柠檬酸、维生素C等营养成分，具有消暑解渴、消食止泻、养颜瘦身等功效；橙子富含维生素A和维生素C，可美白嫩肤，抗衰老。本品有排毒瘦身的作用。

| 润肺清燥　养血生肌

黄瓜雪梨汁

是否还记得黄瓜蓬勃的清新，与雪梨水润的清甜，
以及它们结合在一起的甘美。
有些东西虽然平凡，却在不经意间就被人铭记。

◉ 原料 *Ingredients* •

黄瓜……100克

雪梨……70克

◉ 做法 *Directions* •

1 洗净黄瓜后取果肉，切成均匀的小块。

2 然后将雪梨洗干净后，保留果皮，切成块状。

3 将切好的黄瓜、雪梨块放入榨汁机，然后加入适量纯
净水，盖好盖子，启动榨汁机，开始榨汁。

4 将榨出来的混合蔬果汁，倒入杯中即可。

营养功效

　　雪梨含有维生素B₁、维生素B₂、维生素C、胡萝卜素等营养成分，具有润肺清燥、止咳化痰、养血生肌等功效；黄瓜中富含B族维生素，可润滑肌肤。本品能很好地清肺热、养肌肤。

养阴清热　美白护肤
黄瓜梨猕猴桃汁

繁忙的工作日里，你匆匆忙忙，劳劳碌碌，
烦恼思索或周旋人情世故，抽烟，喝酒，身心疲惫。
调制这杯果汁，只愿还你饱满的精神。

◉ 原料 *Ingredients* ·

黄瓜……150克

雪梨……100克

猕猴桃……100克

◉ 做法 *Directions* ·

1 将洗净的黄瓜、猕猴桃、雪梨去皮，全部切成小
块状。

2 取出备好的榨汁机，倒入切好的黄瓜、猕猴桃、
雪梨。

3 注入适量纯净水，盖好盖子，启动榨汁机，将瓜
肉和果肉均匀搅打成汁。

4 将蔬果汁倒入干净的杯子中，即可饮用。

营养功效

　　黄瓜具有美白护肤、延缓衰老的功效；雪梨含有蛋白质、维生素B_1、维生素B_2、维生素C等营养成分，具有降血压、养阴清热、止咳润燥等功效。本品具有养阴清热、美白护肤的功效。

提神健脑　延缓衰老

黄瓜苹果汁

◉ 原料 *Ingredients* •

苹果……150克

黄瓜……100克

◉ 做法 *Directions* •

1　将黄瓜洗净切成小块，备用。

2　将洗净的苹果切成小块，备用。

3　准备好榨汁机，放入切好的黄瓜和苹果，注入适量的纯净水，盖好盖子，启动"榨汁"键榨成蔬果汁。

4　最后将榨好的蔬果汁倒入杯中即成。

营养功效

　　黄瓜含有多种维生素及矿物质，具有促进排毒、延缓衰老等功效；苹果可增强记忆力。这款蔬果汁可提神健脑。

黄瓜苹果纤体饮

纤体瘦身 美容养颜

◉ 原料 *Ingredients* •

黄瓜……100克

苹果……50克

柠檬汁……少许

营养功效

黄瓜含有维生素B$_2$、维生素C、维生素E、胡萝卜素等营养成分，具有增强免疫力、生津止渴、清热解毒等功效；苹果有安眠养神、补中益气、消食化积的功效。女性经常饮用本品可延缓皮肤衰老。

◉ 做法 *Directions* •

1 将黄瓜洗净，切小块。

2 将苹果洗净，切小块。

3 取备好的榨汁机，选择搅拌刀座组合，倒入切好的黄瓜和苹果；倒入少许柠檬汁，再注入适量纯净水，盖上盖子。

4 榨出蔬果汁，断电后倒出，装入杯中即成。

清咽润喉　延缓衰老

黄瓜薄荷蜜汁

开始一段很长很长的旅程，只需要一个简单的理由。
从起点开始，在终点结束，然后明白，成长的过程在路上，
清爽如薄荷的孑然，并不会持续很久。

◉ 原料 *Ingredients* •

黄瓜……110克

薄荷糖汁……45毫升

蜂蜜……少许

◉ 做法 *Directions* •

1　将黄瓜洗净，去皮，切成小块，备用。

2　取榨汁机，倒入切好的黄瓜，注入薄荷糖汁和适量纯净水，再加入少许蜂蜜。

3　盖好盖子，启动"榨汁"键开始榨汁。

4　将蔬果汁倒入杯中即成。

营养功效

　　薄荷糖含有蛋白质、糖分及碳水化合物等成分，具有疏解风热、清咽利喉等功效。黄瓜可以帮助女性对抗皮肤老化，减少皱纹的产生。本品具有美容养颜、清咽利喉的作用。

提神健脑　美容养颜

黄瓜苹果酸奶汁

让距离牵拉出一幕相遇的景，把画面拼接成一首抒情的诗。
生活是酸甜口味的，走走停停，停停走走，
总是给我们逼真的蒙太奇。

◉ **原料** *Ingredients* •

苹果……75克

黄瓜……60克

酸奶……120毫升

◉ **做法** *Directions* •

1　将洗净去皮的黄瓜切成小块。

2　将洗净的苹果切成小块。

3　取榨汁机，倒入切好的黄瓜和苹果，注入适量酸奶，
　　启动"榨汁"键开始榨汁。

4　最后倒出果汁，装入杯中即成。

营养功效

　　苹果含有蛋白质、膳食纤
维、维生素A、维生素C及磷、
铁、钾等微量元素，有调整肠道
菌群、提高记忆力等功效；黄瓜
有美容养颜的功效。这款蔬果汁
可增强人体免疫力、美容养颜。

青瓜薄荷饮

——清热润肺 美容养颜

◉ 原料 *Ingredients* •

黄瓜……100克

雪梨……70克

鲜薄荷叶……少许

白糖……5克

◉ 做法 *Directions* •

1 将鲜薄荷叶清洗干净，捞出，沥干水分，放入碟子中，待用。

2 将黄瓜洗净，切成小块；雪梨洗净，切丁。

3 取备好的榨汁机，选择搅拌刀座组合，倒入切好的黄瓜和雪梨，放入洗好的薄荷叶，撒上少许白糖，注入适量纯净水，盖上盖子。

4 选择"榨汁"键，榨出蔬果汁；断电后倒出蔬果汁，装入杯中即可。

营养功效

雪梨具有润肺清燥、止咳化痰等功效，黄瓜含水量高，是美容的瓜菜，女生经常食用可起到延缓皮肤衰老的作用；薄荷有利尿、健胃和助消化等功效。本品适合夏季饮用。

黄瓜芹菜苹果汁

促进食欲 消除疲劳

◉ 原料 *Ingredients* •

苹果……100克

黄瓜……50克

芹菜……20克

营养功效

芹菜含有蛋白质、碳水化合物、胡萝卜素、B族维生素等营养成分，具有促进食欲、除烦消肿、凉血止血、解毒宣肺、降血压等功效。此款蔬果汁可凉血解毒、补血养颜、消除疲劳、增强食欲。

◉ 做法 *Directions* •

1 将苹果洗净，切成小块。

2 将黄瓜、芹菜均洗净后，切成均匀小块。

3 将切好的芹菜、黄瓜和苹果倒入榨汁机中，注入适量纯净水后，按"榨汁"键即可进行榨汁。

4 榨好汁后，最好将蔬果汁过滤后再倒入杯中，以免蔬果渣影响口感。

| 排毒养颜　补充钙质

奶香玉米汁

坐在奶牛背上，坐在玉米田埂上，
沉浸在对自然成长的热情之中。
喝下这乳白的汁液，天地间如此宽广明亮，孩子在欢声笑语。

◉ 原料 *Ingredients* •

纯牛奶……120毫升

玉米粒……100克

白糖……适量

◉ 做法 *Directions* •

1　锅中注入适量纯净水烧开，倒入洗净的玉米粒，盖好
　　锅盖用大火煮约2分钟，至食材断生。

2　关火后将锅中的材料连同汤水一起盛入碗中，放凉
　　备用。

3　将碗中的材料倒入备好的榨汁机中，盖好盖子，榨约
　　40秒。

4　将玉米汁倒入杯中，加入牛奶和适量白糖，搅拌均匀
　　即可。

营养功效

　　牛奶含有蛋白质、钙、磷、铁、锌、铜、锰、钼等营养成分，具有补钙、增强免疫力、安神助眠等功效；玉米具有增强免疫力、促进代谢的作用。本品尤其适合女性饮用，对健康有益。

排毒美容　补充能量

香浓玉米汁

父辈的勤劳，蜜蜂的勤劳，
都在这香味中洋溢出来，朴实、真切、醇厚，
如同一句关于收获的金玉良言。

◉ 原料 *Ingredients* ●

玉米粒……130克
蜂蜜……30克

◉ 做法 *Directions* ●

1 锅中注入适量纯净水烧开，倒入洗净的玉米粒，
　盖上盖子，用大火煮约3分钟，至食材断生。

2 关火后将锅中的材料连汤水一起盛入碗中，放凉
　备用。

3 将碗中材料倒入备好的榨汁机中，榨约40秒钟。

4 倒出玉米汁，滤入杯中，加入少许蜂蜜，搅拌均
　匀即可。

营养功效

　　玉米具有促进大脑发育、降
血脂、降血压、延缓衰老、软化
血管等功效；蜂蜜是大自然中最
完美的营养品，能提供能量、润
肠通便。经常饮用本品，有排毒
美容、补充能量的作用。

| 增强免疫力　护肤养颜

西红柿汁

◉ 原料 *Ingredients* ·

西红柿……200克

◉ 做法 *Directions* ·

1 锅中注入适量纯净水烧开，放入洗净的西红柿烫至表皮皱裂，再捞出西红柿，浸在凉开水中。

2 西红柿待凉后剥去表皮，再把果肉切成小块，倒入备好的榨汁机中。

3 盖好盖子，启动榨汁机，榨出西红柿汁。

4 将西红柿汁倒入干净的杯子中，即可食用。

营养功效

西红柿含有蛋白质、维生素A、维生素C、类黄酮及多种矿物质，具有预防血管老化、美容护肤等功效。

生津止渴　增强体质

西红柿菠菜汁

◉ **原料** *Ingredients* •

菠菜……150克

西红柿……100克

柠檬片……30克

盐……少许

◉ **做法** *Directions* •

1 将洗净的菠菜去除根部，切小段；洗好的西红柿切小块。

2 取榨汁机，选择搅拌刀座组合，倒入菠菜段，放入柠檬片和西红柿块。

3 倒入纯净水，加少许盐，盖上盖子，启动榨汁机榨汁约1分钟，最后倒出，装杯即可。

营养功效

　　菠菜具有补血止血、滋润肠胃等功效；西红柿具有美容养颜、延缓衰老的功效。本品可消暑解渴、延缓衰老。

| 开胃消食　美容养颜

西红柿苹果汁

◉ 原料 *Ingredients* •

西红柿……120克

苹果……100克

白糖……适量

◉ 做法 *Directions* •

1　将西红柿洗净后，注入开水烫至表皮皱裂，
再放入凉开水中。

2　放凉后可剥除西红柿果皮，将果肉切小块，
然后洗净苹果，取肉切小块。

3　将切好的苹果、西红柿，倒入备好的榨汁机
中榨出蔬果汁。

4　倒出果汁，加入白糖拌匀即可。

营养功效

西红柿具有美容抗皱、开
胃消食、防晒等功效；苹果是
天然的健康圣品。本品具有开
胃、美容养颜的功效。

一延缓衰老　美容养颜

西红柿玫瑰饮

● 原料 *Ingredients* ●

西红柿……100克

黄瓜……80克

柠檬汁……30克

玫瑰花……少许

蜂蜜……适量

● 做法 *Directions* ●

1　锅中水烧开后，放入洗净的西红柿，烫至其表皮裂开，捞出浸在凉开水中。

2　放凉的西红柿去皮，取果肉切成小块，和切片的黄瓜放入榨汁机中，撒上少许玫瑰花。

3　选择第一档，榨出汁水后放入余下的食材，榨出汁。

4　将榨好的汁水滤入杯中，加入少许蜂蜜、柠檬汁拌匀即可。

营养功效

西红柿中含有丰富的钙、磷、铁、胡萝卜素及维生素A、维生素C，生熟皆能食用，味微酸适口，常吃具有使皮肤细滑白皙的作用，还可延缓衰老。本品具有美容养颜的作用，尤其适合女性经常饮用。

西红柿冬瓜橙汁

美容养颜　保肝护肾

◉ **原料** *Ingredients* ●

西红柿……100克

橙子……60克

冬瓜……50克

◉ **做法** *Directions* ●

1　将冬瓜洗净，去皮，切成小块；将橙子去皮，取橙子肉，切小块；洗净的西红柿切小块。

2　取榨汁机，倒入切好的食材，注入适量的纯净水，盖上盖子。

3　启动"榨汁"键，榨出汁水。

4　断电后倒出汁水，滤入杯中即可饮用。

营养功效

冬瓜含有蛋白质、叶酸、膳食纤维、维生素A、维生素E等营养成分，具有减肥、利尿等功效；西红柿中含有丰富的钙、磷、铁、胡萝卜素及维生素C等成分。经常饮用此款蔬果汁可美容养颜、保肝护肾。

健胃消食　美白嫩肤

西红柿椰果饮

◉ 原料 *Ingredients*

西红柿……120克

椰味果冻……适量

白糖……少许

◉ 做法 *Directions*

1　西红柿切上十字花刀，入开水锅中烫至表皮起皱，捞出浸入冷水中，片刻后剥去表皮，切块；椰味果冻切成片，再切成条。

2　取榨汁机，倒入西红柿、白糖，注入适量的纯净水，盖上盖，选择"榨汁"键，榨取汁液，倒入杯中，加入果冻即可。

营养功效

　　西红柿含有蛋白质、维生素C、胡萝卜素、钙、磷等营养成分。本品具有美白嫩肤的作用，特别适合女性饮用。

润肠通便　美肤养颜
圣女果芒果汁

清新的东西难免有所寡淡，甘醇的东西多少有些腻味，
所以，遗憾无处不在，于碰撞中才产生完美的一刻。
两种果汁互补交汇的浆液，要抓住机会，好好地品尝。

◎ 原料 *Ingredients* •

芒果……135克

圣女果……90克

◎ 做法 *Directions* •

1　将圣女果洗干净后，对半切开。

2　洗好的芒果去皮取果肉，并切成均匀小块。

3　在榨汁机中倒入切好的圣女果和芒果，注入适量纯净
　　水后盖上盖子，启动榨汁机，搅打均匀成汁。

4　倒出果汁，装入杯中，即可享用新鲜美味的果汁。

营养功效

　　圣女果含有蛋白质、果胶、
维生素A、维生素B$_1$、维生素C
等营养成分，具有生津止渴、养
肝脾、助消化等功效；芒果有润
肠美肤的作用。本品适合在夏季
饮用，可润肠通便、美肤养颜。

| 改善视力　美容养颜

圣女果胡萝卜汁

◉ 原料 *Ingredients* •

圣女果……120克

胡萝卜……75克

◉ 做法 *Directions* •

1 胡萝卜去皮洗净，切丁。

2 圣女果洗净，对半切开。

3 取备好的榨汁机，选择搅拌刀座组合，倒入洗净切好的胡萝卜和圣女果；注入适量纯净水，盖上盖子。

4 选择"榨汁"功能，榨出汁水；断电后倒出汁水，装入杯中即成。

营养功效

圣女果含有蛋白质、果胶、维生素C、胡萝卜素、维生素B$_1$、番茄红素等营养成分，具有健胃消食、生津止渴、清热解毒、美容养颜等功效。本品可以增强体质、促进发育，补充缺失的营养元素。

补血养心　美容瘦身 |

清爽瘦身果蔬汁

◉ 原料 *Ingredients* •

菠萝肉……200克

苹果……160克

胡萝卜……120克

芹菜……55克

◉ 做法 *Directions* •

1 洗净的菠萝肉、胡萝卜均切小块；洗好的芹菜切小段；洗好的苹果去核，切小块。

2 取榨汁机，放入菠萝、芹菜、苹果、胡萝卜，加入纯净水。

3 盖上盖，榨取蔬果汁，倒入杯中即可。

营养功效

　　苹果具有滋润皮肤、美白养颜等功效。苹果、胡萝卜、芹菜、菠萝均富含膳食纤维及多种维生素，经常饮用可起到瘦身作用。

| 美容养颜　焕发活力

活力果汁

它浑然清香，带着你，慢慢穿越沙漠，飞过海洋，
那里有五彩斑斓的世界。
而梦想，就是你拥有的力量。

◉ 原料 *Ingredients* •

雪梨……270克

橙子……200克

苹果……160克

黄瓜……120克

柠檬……80克

苦瓜……50克

◉ 做法 *Directions* •

1　黄瓜洗净，改切成小块；洗好的苹果去皮，切成块
　　状；洗净的雪梨去皮，去核，切成块状。

2　洗好的橙子切成小块；洗净的柠檬切小块，去皮；洗
　　好的苦瓜切成小块。

3　取榨汁机，揭开盖子，分次放入切好的蔬果。

4　选择第一档，榨取蔬果汁，断电后将蔬果汁倒入干净
　　的杯中即可。

营养功效

　　苦瓜含有蛋白质、膳食纤
维、胡萝卜素、铁、锰等营养
成分，具有清热祛暑、明目解
毒等功效；苹果富含维生素，
可以提高记忆力；黄瓜可以帮
助女性对抗皮肤老化，减少皱
纹的产生。

解暑止渴　美容养颜

健胃蔬果汁

百忙之中，要回过头来想想，你的胃是否做了太多的妥协？
给它获得健康与安慰的机会吧，
爱它像爱工作一样，没有理由可以忽略它的重要性。

◉ 原料 *Ingredients* •

苹果……120克

菠萝肉……70克

紫甘蓝……60克

橙子肉……50克

蜂蜜……少许

◉ 做法 *Directions* •

1　洗净的苹果取果肉切小块；菠萝肉切小块。

2　橙子肉切小块；紫甘蓝切细丝。

3　取榨汁机，倒入所有切好的食材，注入适量纯净水，加入少许蜂蜜，榨汁。

4　最后倒出榨好的蔬果汁，装入杯中即成。

营养功效

　　苹果含有蛋白质、苹果酸、柠檬酸、果胶、磷、铁、钾等营养成分，具有润肺除烦、健脾益胃等功效；紫甘蓝能防衰老、抗氧化；菠萝可解暑止渴、消食止泻。常喝此饮品可提高免疫力、美容养颜。

美白养颜蔬果汁

滋养肌肤　润泽美白

原料 *Ingredients*

胡萝卜……300克

菠萝……200克

柠檬……30克

西芹……30克

蜂蜜……20克

做法 *Directions*

1　洗净的柠檬去皮，切成小块；洗好的菠萝取肉，切成小块。

2　洗净的西芹切小段；洗好的胡萝卜切成小块。

3　取榨汁机，分次放入备好的柠檬、菠萝、西芹、胡萝卜，加少许蜂蜜，榨取蔬果汁。

4　揭开盖，把榨好的蔬果汁倒入杯中即可。

营养功效

胡萝卜中含有胡萝卜素及钾、钙、磷等营养成分，具有润燥、安神、补肝、明目等功效；菠萝可以促进消化，对润滑肠胃很有益处。本品有助于滋养并美白肌肤，防止皮肤干裂，使肌肤细腻、健康。

五清排毒汁

排毒养颜 安神瘦身

◉ 原料 Ingredients ●

苹果……130克

苦瓜……65克

黄瓜……50克

西芹……40克

青椒……25克

营养功效

西芹含有蛋白质、甘露醇、膳食纤维、维生素A、维生素B$_1$、维生素P及钙、铁、磷等营养成分，具有促进胃肠蠕动、降血压、降血脂、镇静安神等功效。本品很适合正在减肥、美容的女性饮用。

◉ 做法 Directions ●

1 洗净的西芹切小段；洗好的黄瓜切小块；洗净的苦瓜去瓤，再切小块。

2 洗好的苹果去皮，切块；洗净的青椒切小块。

3 取榨汁机，倒入切好的食材，注入适量纯净水榨汁。

4 最后倒出榨好的蔬果汁，装入杯中即成。

| 促进食欲　延缓衰老

维C果汁饮

时间已去，你越来越沉默，
像一块亘古不变的石头。
这杯果汁的鲜活虽然短暂，却可抚慰心灵的创伤。

◉ 原料 *Ingredients* •

杏子……100克

西瓜肉……45克

黄瓜……70克

蜂蜜……少许

◉ 做法 *Directions* •

1 洗好的黄瓜切段，改切成小块。

2 洗净的杏子取果肉，切小块。

3 西瓜去皮，取果肉，切成小块，备用。

4 将所有切好的水果放入榨汁机，加纯净水和少许蜂蜜
　 榨成果汁，最后倒入杯中即可。

营养功效

　　杏子含有蛋白质、糖类、磷、铁、钾及多种维生素，具有清心解毒、开胃消食等功效；黄瓜具有延缓皮肤衰老的作用；西瓜能够促进食欲、帮助消化。此饮品非常适合在炎热的夏季饮用。

| 开胃健脾　美容抗衰

紫苏柠檬汁

◉ 原料 *Ingredients* •

紫苏叶……300克

冰糖……40克

柠檬……少许

◉ 做法 *Directions* •

1　紫苏叶洗净，捞出，备用。

2　锅中注入纯净水烧开，放入紫苏叶，煮至变色后捞出。

3　在锅中加入少许冰糖，拌匀，煮至溶化。

4　将柠檬汁挤入锅中，盛出煮好的紫苏柠檬汁即可。

营养功效

紫苏具有发表散寒、理气和中，行气安胎，解鱼蟹毒等功效；柠檬富含维生素C、糖类、钙、磷、铁、维生素B_1、维生素B_2、烟酸等，具有美容、抗衰老的功效。

清咽利喉　美白皮肤

薄荷柠檬汁

◉ 原料 *Ingredients* •

柠檬……50克

薄荷……15克

白糖……适量

◉ 做法 *Directions* •

1　取柠檬肉切成小块，然后洗净新鲜的薄荷叶
　　待用。

2　取出备好的榨汁机，放入准备好的柠檬和薄
　　荷鲜叶，撒上白糖，并注入适量纯净水。

3　盖上盖子，启动榨汁机，进行榨汁。

4　倒出蔬果汁，装入干净的杯中即可。

营养功效

　　薄荷有清咽利喉、健胃等功效；鲜柠檬能防止和消除皮肤色素沉着，使皮肤白皙。本品能够帮助女性清洁皮肤。

| 解暑止渴　美白补水

菠萝柠檬汁

生命里出现了一颗柠檬，

它或酸楚或苦涩，不知带着哪般滋味。

时间久了，我愿和它一起，告诉它生活还有另一种味道。

◉ 原料 *Ingredients* •

菠萝肉……300克

柠檬……少许

◉ 做法 *Directions* •

1　菠萝肉切成小块。

2　洗净的柠檬切小块。

3　取榨汁机，倒入切好的菠萝和柠檬，加入纯净水，盖上盖子。

4　按下"榨汁"键，榨取果汁，然后滤入杯中即可。

营养功效

　　菠萝含有果糖、葡萄糖、维生素C、磷、蛋白酶等营养成分，具有解暑止渴、消食止泻的功效；柠檬中含有的果酸可令皮肤变得白皙而富有光泽。本品有美容养颜、补水美白的功效。

缓解压力 增强体质

综合蔬果汁

爱孩子的爸爸妈妈，认真地将水果去皮、切丁，
最后搅拌出一杯美味的果汁。
那嫩红的色彩像活泼可爱的梦，从心意中萌发，使成长健康美好。

◉ 原料 *Ingredients* •

苹果肉……130克

胡萝卜……100克

橙子肉……65克

◉ 做法 *Directions* •

1 将胡萝卜洗净切块，橙子肉切块，苹果切丁。

2 取出备好的榨汁机，先倒入部分切好的食材，选择第一档，榨取30秒左右。

3 再分两次倒入余下的食材，以同样的方式榨取蔬果汁。

4 将蔬果汁过滤倒入杯中，即可食用，冷藏后口味更佳。

营养功效

　　胡萝卜中含有葡萄糖、胡萝卜素、钾、钙、磷等营养成分，具有清除自由基、降压强心等功效；苹果能够缓解压力、瘦身减肥。两者相互搭配，可以增强体质、促进发育、补充缺失的营养素。

| 降燥祛火　滋阴润肺

混合果蔬汁

⊙ 原料 *Ingredients* •

雪梨……85克	苹果……70克
苦瓜肉……55克	西红柿……50克
芹菜……30克	柠檬片……30克
蜂蜜……20克	

营养功效

　　苦瓜能清暑解渴、养颜美容、促进新陈代谢；雪梨具有滋阴润肺的功效。本品适合在天气燥热的季节饮用。

⊙ 做法 *Directions* •

1 洗净的芹菜切小段，苦瓜及西红柿洗净，切小块；苹果和雪梨洗净，取果肉切小块。

2 将柠檬片及切好的芹菜、西红柿、苦瓜、苹果、雪梨放入备好的榨汁机中，并注入适量纯净水，盖好，启动榨汁机，榨取蔬果汁。

3 将蔬果汁倒入杯中，加少许蜂蜜拌匀即可。

| 调理肠胃 美容瘦身

西蓝花芹菜苹果汁

◉ 原料 *Ingredients* •

熟西蓝花……95克

苹果……70克

芹菜……50克

营养功效

西蓝花含有蛋白质、维生素A、维生素C、胡萝卜素、钙、磷、硒等营养成分，具有增强肝脏的解毒能力和提高机体免疫力等功效；苹果可健肠胃、促消化和美容。本品具有调理肠胃、美容的作用。

◉ 做法 *Directions* •

1 将洗净的芹菜切小段，苹果取果肉切小块。

2 将熟西蓝花、芹菜、苹果倒入备好的榨汁机中，加纯净水至没过食材。

3 盖好盖子，启动榨汁机，榨取蔬果汁。

4 将榨好的蔬果汁倒入干净的杯子中即可。

| 滋润排毒　增强体质

西蓝花菠萝汁

◉ 原料 *Ingredients* •

西蓝花……140克

菠萝肉……90克

◉ 做法 *Directions* •

1　洗净的西蓝花切小朵。

2　菠萝肉切条形，改切小块。

3　锅中注入适量纯净水烧开，放入切好的西蓝花，用大火焯煮至断生，捞出过冷开水。

4　取榨汁机，放入西蓝花和菠萝块，加纯净水榨成汁，最后倒入杯中即可。

营养功效

　　西蓝花能增强肝脏的解毒能力，提高机体免疫力；菠萝可以促进消化，对润滑肠胃很有益处。

鲜姜菠萝苹果汁

有益肠胃　美容养颜

◉ 原料 *Ingredients* •

苹果……135克

菠萝肉……80克

姜块……少许

营养功效

　　菠萝含有蛋白质、纤维素、烟酸、钾、锌、钙、磷等营养成分，具有促进肠胃蠕动、缓解疲劳、清暑解渴等功效；姜有散寒发汗的功效；苹果富含维生素。本品可以增强免疫力、增强食欲、美容养颜。

◉ 做法 *Directions* •

1 姜块去皮洗净，切粗丝；苹果洗净，取果肉切成小块；菠萝肉切丁。

2 取备好的榨汁机，倒入切好的苹果和菠萝肉，放入姜丝，注入适量纯净水，盖上盖子。

3 选择"榨汁"功能，榨出果汁；断电后倒出果汁，滤入杯中即可。

补充纤维 瘦身塑形

山药地瓜苹果汁

粗粮与水果，或许你不曾想过它们可以合成另一风味。
就像太过习惯我行我素，无法体会在人群中的精彩。
那么来体验一次吧，尽量获取新的认知。

◉ 原料 *Ingredients* •

山药丁……90克

地瓜丁……85克

苹果块……75克

◉ 做法 *Directions* •

1 锅中注入适量清水烧开，倒入地瓜丁、山药丁，
  盖好锅盖用中火煮约3分钟，至食材断生。

2 将煮好的食材浸入凉开水中，放凉备用。

3 将地瓜、山药、适量纯净水、苹果块倒入备好的
  榨汁机中，盖好盖子，进行榨汁。

4 将榨好的蔬果汁倒入备好的杯子中即可。

营养功效

地瓜含有蛋白质、纤维素、维生素E、果胶等营养成分，具有促进胃肠蠕动、保持血管弹性、提高机体免疫力等功效；山药是一种适合女性食用的蔬菜。本品具有瘦身塑形的作用。

清热解暑　提神醒脑

苹果梨冬瓜紫薯汁

那杯果汁总在拼命给自己添加营养，渴望得到关注，渴望被需要。
就像是忙于成长的我们，在不安定的心绪里，慢慢地前行，
一路奔走，一路跌倒，渴望成长，渴望坚强。

◉ 原料 *Ingredients* •

冬瓜肉……100克

梨……85克

苹果……75克

紫薯……40克

◉ 做法 *Directions* •

1　洗净的梨取肉切小块；冬瓜肉切小块。

2　洗净的苹果取果肉，改切成小块；洗净去皮的紫薯切
　　小块。

3　取榨汁机，倒入切好的材料，注入适量纯净水，盖好
　　盖子榨汁。

4　最后倒出榨好的蔬果汁，装入杯中即成。

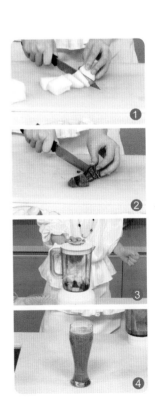

营养功效

　　紫薯中含有氧化酶、糖
分、维生素、纤维素、黄酮
类物质等营养成分，具有降血
压、增强免疫力、防癌抗癌等
功效；梨、冬瓜都具有清热解
暑的功效；苹果可以提高记忆
力。此饮品适合夏季饮用。

紫薯胡萝卜橙汁

补血明目　美容养颜

◉ 原料 *Ingredients* ●

紫薯……130克

胡萝卜……70克

橙子肉……50克

◉ 做法 *Directions* ●

1　洗净的胡萝卜切小块。

2　洗净去皮的紫薯切小块。

3　橙子肉切小块。

4　取榨汁机，倒入切好的材料榨汁，最后倒入杯中即可。

营养功效

　　紫薯含有蛋白质、果胶、纤维素、维生素、花青素及多种矿物质，具有缓解疲劳、延缓衰老、补血等功效；胡萝卜可以改善视力；橙子可以美容养颜。这道果汁适合缓解眼部酸胀、肤质暗沉等症状。

延缓衰老　养颜护肤

紫甘蓝芒果汁

◉ **原料** *Ingredients* ●

紫甘蓝……130克

芒果……110克

◉ **做法** *Directions* ●

1　洗净的紫甘蓝切细丝。

2　洗净去皮的芒果取果肉，切小块。

3　取榨汁机，倒入备好的材料和适量纯净水，
　　盖好盖子，榨成蔬果汁。

4　最后倒出蔬果汁，装入杯中即成。

营养功效

　　紫甘蓝具有延缓衰老、抗氧化等作用；芒果可美化肌肤、预防便秘。本品具有延缓衰老、美容护肤等功效。

软化血管　美容养颜

葡萄酒鲜果汁

鲜红的汁液，醇厚的口感，香甜的气息，都是它传达的讯号。

它是时间酝酿的人间美味，

只有味蕾才是它最好的朋友。

◉ 原料 *Ingredients* •

葡萄……100克

柠檬……半个

面粉……适量

葡萄酒……适量

蜂蜜……适量

◉ 做法 *Directions* •

1 将面粉倒入水中，放入葡萄，洗净后切开去籽。

2 将柠檬汁挤入杯中。

3 取榨汁机，放入葡萄、柠檬汁、葡萄酒、蜂蜜、纯净水。

4 盖上盖子，选择"榨汁"功能，榨取果汁，滤入杯中即可。

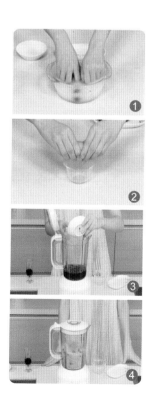

营养功效

　　柠檬含有维生素C、糖类、烟酸、柠檬酸、苹果酸等，有抗菌消炎、增强免疫力等功效。这款葡萄鲜汁和红葡萄酒，混搭出的果汁，可以预防人体内恶性胆固醇的氧化，对舒缓动脉硬化有一定功效。

第三章

温暖午后，
尽享暖心下午茶

暖暖午后，

一杯舒缓神经、放松心情的下午茶，

能给匆匆忙碌的生活增添些许惬意的心情，

感受一刻钟的安宁，恢复一整天的活力。

其实，一杯下午茶能够给您的，

不仅仅只是能量的补充，

还有在不知不觉中养成的对生活的热爱。

本章将主要介绍多种下午茶的制作方法，

让您在享用美味的同时，

也能感受到手工制作的乐趣。

一份恬淡的惬意，一份舒缓的快乐，

都在这香气氤氲的茶水里散开，

您感受到了吗？

美白养颜　延缓衰老

蜂蜜水

一片柠檬带来清新，少许蜂蜜带来甘甜，
突然发现自己对一杯水怦然心动。
小小的萌发，小小的绽放，简单也可如此美好。

⊙ 原料 *Ingredients* •

蜂蜜……15克

柠檬片……10克

⊙ 做法 *Directions* •

1　杯中倒入少许温开水。

2　杯中加入蜂蜜，拌匀至其溶化。

3　撒上柠檬片，浸泡约2分钟，再次稍微搅拌，即可
　　饮用。

营养功效

　　蜂蜜含有葡萄糖、维生素A、维生素B$_1$、维生素B$_6$、维生素C、维生素D、维生素K、胆碱等营养成分，具有美容、增强免疫力、延缓衰老等功效，蜂蜜还能润肠、促消化；柠檬具有美白的功效。女性经常饮用本品能够促进体内排出毒素，使皮肤美白。

自制苹果醋

—润肤美容　生津止渴

◎ 原料 *Ingredients* •

苹果……120克

柠檬……80克

冰糖……30克

白醋……100毫升

◎ 做法 *Directions* •

1 洗净的苹果取果肉，切薄片。

2 洗净的柠檬切片，备用。

3 取一个玻璃罐，放入苹果片、柠檬片，撒上少许冰糖，倒入备好的白醋至九分满。

4 用保鲜膜封紧罐口，置于阴凉处浸泡约2个月，饮用时倒出即可。

营养功效

苹果具有润肤美容、生津止渴、益脾止泻、益智健脑等功效。苹果加上柠檬、冰糖、白醋发酵之后，还具有开胃消食、消暑解渴的作用，本品尤其适合女性朋友们饮用，美容护肤效果极佳。

消除疲劳　排毒养颜

香蕉醋

◉ 原料 *Ingredients* •

香蕉……120克

水果醋……60毫升

红糖……20克

◉ 做法 *Directions* •

1 香蕉取果肉切薄片。

2 取一玻璃罐，撒上红糖，注入少许水果醋，快速
拌匀，至糖分溶化。

3 放入香蕉片，再注入余下的水果醋，至九分满。

4 盖紧盖子，置于阴凉处浸泡约24小时即可。

营养功效

　　香蕉含有蛋白质、维生素
A、维生素C、纤维素、果胶及
多种酶类物质和矿物质，具有
促进食欲、助消化、清热、解
毒、保护神经系统的功效。本
品能够消除疲劳、排毒养颜。

清热降火　排毒养颜

芦荟醋饮

营养功效

　　芦荟含有芦荟多糖、芦荟素、芦荟皂苷及多种氨基酸，能够清热降火、排毒养颜、提高机体免疫力。本品是美容、减肥、防治便秘的佳品，对于女性脂肪代谢、胃肠代谢、排泄系统都有很好的调节作用。

◎ 原料 *Ingredients* •

芦荟……90克

苹果醋……40毫升

◎ 做法 *Directions* •

1　选择新鲜的芦荟，去除表皮。

2　取出芦荟的果肉，切成均匀的小块。

3　取一个干净的玻璃杯，倒入苹果醋，注入适量冰水。

4　倒入切好的芦荟，搅拌均匀即可。

芦荟红茶

美白美容　消除疲劳

◎ 原料 *Ingredients* •

芦荟……80克

菊花……10克

红茶……1包

蜂蜜……少许

营养功效

芦荟含有酚类、芦荟素、芦荟酊、有机酸等成分，具有清热、健胃、通便、杀虫、美白去污的作用；红茶具有提神、消除疲劳的功效。本品适合女性在工作疲惫的午后品尝，能够放松心情。

◎ 做法 *Directions* •

1　洗净的芦荟取果肉，切小块。

2　锅置火上，放入芦荟肉和菊花，注入适量清水，大火煮约3分钟，至散发出菊花香。

3　关火后盛出煮好的菊花茶，装入杯子中。

4　再放入红茶包，浸泡一会儿，加入少许蜂蜜，拌匀即可。

OL柠檬红茶

——美白肌肤　提神益思

◉ 原料 *Ingredients* •

红茶……1包

方糖……10克

柠檬片……少许

◉ 做法 *Directions* •

1 取一个茶杯，放入红茶包。

2 注入适量开水，泡一会儿，至其散发出清香的
　气味。

3 放入备好的方糖，拌匀，至其溶化。

4 撒上备好的柠檬片，泡一会儿，直至泡出香
　味，趁热饮用即可。

营养功效

　　红茶可以提神益思；柠檬具有生津止渴、清热解暑等功效。此外，柠檬中丰富的维生素C，能防止和消除皮肤色素沉着，令皮肤变得美白而富有光泽。女性经常饮用还能消毒和清洁皮肤。

增强体质　降低血压

柠檬姜茶

◉ 原料 *Ingredients* ●

柠檬……70克

生姜……30克

红糖……适量

◉ 做法 *Directions* ●

1　洗净去皮的生姜切片。

2　洗净的柠檬切片。

3　姜片和柠檬片置于碗中，撒上红糖，拌匀，
　　静置约10分钟。

4　汤锅置火上，倒入腌好的材料和清水，中火
　　煮至材料析出有效成分，盛出即可。

营养功效

　　柠檬含有维生素B_2、烟酸、柠檬酸、苹果酸、橙皮苷、糖类等营养成分，具有增强免疫力、降血压、保护血管等功效；姜具有温中散寒，止咳祛痰的功效，女性适量服用能够增强免疫力。

健胃益脾　温养驱寒

橙皮姜汁饮

营养功效

橙皮含有柠檬醛、柠檬烯、辛醇、橙皮苷、柚皮苷、维生素A及芳香调味剂，具有健胃益脾、促进消化、理气化痰等功效；姜是温中和胃、散寒之物，尤其适合月经不调的女性服用。本品具有健脾胃、助消化和调经之效。

◉ 原料 *Ingredients* •

生姜块……25克

橙皮……15克

冰糖……少许

◉ 做法 *Directions* •

1 去皮洗净的生姜切成细丝。

2 洗净的橙皮切细丝。

3 锅中注水烧热，倒入切好的材料，烧开后用小火煮至有效成分析出。

4 加入备好的冰糖，拌匀，用中火煮至溶化，关火盛出即可。

蜜姜感冒饮

养白肌肤　解毒杀菌

◉ 原料 *Ingredients* •

姜汁……30毫升

蜂蜜……少许

营养功效

　　姜汁具有散寒、增强免疫力、解毒杀菌等功效；蜂蜜具有补虚、润燥、解毒、保护肝脏、营养心肌的作用。本品能够帮助调理肠胃，还能预防疾病、提高食欲、美白肌肤。

◉ 做法 *Directions* •

1 取一个瓷杯，用清水清洗干净，稍稍晾干。

2 将准备好的姜汁倒入干净的瓷杯中。

3 倒入适量的温开水，静置一会儿。

4 加入少许蜂蜜，搅拌均匀，即可饮用。

清肺润肠　清热解暑 |

水果茶

成长的路上，总会有各种各样的经历，无论友情、爱情、亲情。
总有一天，这些经历都会变成水果丁，汇集在你午后的茶水杯里，
供你消遣，供你缅怀。

◉ 原料 *Ingredients* •

西瓜肉……85克

雪梨……70克

苹果……60克

柠檬片……40克

菠萝肉……20克

红茶……1包

◉ 做法 *Directions* •

1　洗净的雪梨、苹果分别取果肉，切丁，备用。

2　菠萝肉切块；西瓜肉切丁，备用。

3　取一个玻璃杯，倒入切好的水果，放入柠檬片和
　　红茶包，注入适量开水。

4　泡约3分钟，至红茶散发出香味，拣出红茶包，趁
　　热饮用即可。

营养功效

　　西瓜果肉中富含果糖、葡萄糖、多种维生素以及有机酸、氨基酸、钙、磷、钾等，具有清肺润肠、和中止渴、清热解暑等功效。女性经常饮用本品可以补充人体水分和营养，起到健康养生的作用。

| 活血润肤 缓解疲劳

水蜜桃茶

水蜜桃代表甜美，一如你对爱情的渴望，
在一杯水蜜桃汇聚的茶水里，带着柠檬的青涩。
愿你能够品出，幸福最终的归属。

◉ 原料 *Ingredients* •

水蜜桃……100克

红茶……1包

柠檬汁……90毫升

蜂蜜……少许

◉ 做法 *Directions* •

1 洗净的水蜜桃取果肉，切片。

2 汤锅置火上，倒入水蜜桃片，注入适量清水，煮至食材熟透。

3 揭盖，倒入柠檬汁，加入少许蜂蜜，搅拌均匀，用大火煮沸。

4 取一个茶杯，放入红茶包，盛出煮好的汁水倒入杯中，泡出茶香味即可。

营养功效

水蜜桃含有蛋白质、糖类、粗纤维、钙、磷、铁等营养成分，具有润肠通便、活血通血、滋润皮肤等功效；柠檬富含维生素C；红茶可以提神。本品适合午后饮用，有助于缓解疲劳。

快上手蔬果汁

冬瓜茶

解暑除烦　清热生津

◉ 原料 *Ingredients* •

冬瓜……130克

红糖……少许

◉ 做法 *Directions* •

1　洗净的冬瓜切小块。

2　锅中注入适量清水烧热，放入冬瓜块，拌匀。

3　用中小火煮约10分钟，撒上少许红糖，搅拌匀，续煮一会儿，至冬瓜肉熟软。

4　关火后盛出煮好的冬瓜茶，装入杯中即成。

营养功效

　　冬瓜含有蛋白质、膳食纤维、抗坏血酸、B族维生素、钾、钠、磷、镁、铁等营养成分，具有利尿消肿、清热生津、解暑除烦等功效。本饮品非常适合夏季饮用。

冰糖莲藕茶

解除疲乏 补充能量

◉ 原料 *Ingredients* •

莲藕……160克

冰糖……适量

营养功效

莲藕含有淀粉、蛋白质、B族维生素、维生素C、钙、磷、铁等营养成分，具有收缩血管、强壮筋骨、滋阴养血、美容去痘、补血养颜的功效。在午后来一杯冰糖莲藕茶可以有效解除疲乏，补充能量。

◉ 做法 *Directions* •

1 洗净的莲藕切薄片。

2 砂锅置于火上，放入藕片，注入适量清水，拌匀，盖上盖子，烧开后用小火煮约20分钟。

3 揭盖，撒上冰糖，拌匀，用中火煮至溶化。

4 关火后盛出煮好的汤汁，装入杯中即成。

| 补血益气　益心润肺

红枣枸杞茶

◉ 原料 *Ingredients* ●

红枣……18克

枸杞……12克

◉ 做法 *Directions* ●

1 取一碗清水，倒入枸杞和红枣，清洗干净，待用。

2 将洗净的红枣去核，取果肉切小块。

3 取榨汁机，倒入切好的红枣和洗好的枸杞，注入适量的温开水，盖好盖子。

4 选择"榨汁"功能，榨取果汁，最后滤入杯中即可。

营养功效

　　红枣含有蛋白质、维生素C、粗纤维及多种微量元素，具有补血益气、益心润肺、和脾健胃的功效；枸杞具有明目的作用。本品具有美容养颜的良好功效，经常适量饮用还能延缓衰老。

红枣桂圆姜茶

安神养心 补血益脾

◉ 原料 *Ingredients* •

红枣……12克

生姜块……15克

桂圆肉干……17克

红糖……适量

营养功效

桂圆含有蛋白质、糖分及多种维生素和微量元素，能够滋养补益、安神养心、补血益脾。生姜具有温中散寒的功效，尤其适合女性经常食用；红糖具有补血的功效。本品可祛寒补血、增强免疫力。

◉ 做法 *Directions* •

1 取一碗清水，放入红枣，清洗干净，待用。

2 将去皮洗净的生姜切片；洗好的红枣取果肉，切小丁。

3 汤锅中注水烧热，倒入桂圆肉干、生姜片和红枣丁，煮沸后转小火煮至材料析出有效成分。

4 揭盖，撒上红糖搅拌均匀，煮至红糖溶化，盛出即可。

清心明目　延缓衰老

菊花茶

菊花若非执意在秋季吟唱，也不会长成如今清雅卓绝的模样。
人生所有的相逢都是久别重逢，
是清冷的季节里，最热烈的咏叹。

◉ 原料 *Ingredients* •

枸杞……15克
菊花……10克

◉ 做法 *Directions* •

1　用清水将枸杞清洗干净，捞出沥干水分后放入盘中，待用。
2　将备好的菊花放入另一个茶杯，注入适量温开水，冲洗后倒出杯中的水，备用。
3　再次向杯中注入适量开水，至九分满。
4　撒上枸杞，闷一会儿，趁热饮用即可。

营养功效

　　枸杞含有枸杞多糖、甜菜碱、胡萝卜素和多种维生素、矿物质，有增强免疫力、延缓衰老、缓解疲劳、补肝明目等功效；菊花有清热祛火的作用，适合在夏季服用。经常适量饮用本品对身体有益。

| 益气补血　美容养颜

菊花水果茶

营养功效

　　苹果中含有果胶、膳食纤维、维生素C、铁、锌、钾、镁等营养成分，具有收敛、止泻、增强免疫力、美容养颜等功效；菊花可以清热降火；红枣能益气补血。本品适合夏季饮用，可以解暑降火。

◉ 原料 *Ingredients* •

苹果……100克

红枣……20克

菊花……少许

冰糖……适量

◉ 做法 *Directions* •

1 菊花清洗干净，待用；苹果洗净，切小块；红枣洗净。

2 汤锅置火上，倒入备好的红枣和菊花，注入清水煮约15分钟，至材料析出有效成分。

3 倒入苹果，搅拌匀，小火续煮至苹果熟软。

4 揭盖，撒上冰糖煮至溶化，关火盛出即可。

清热解毒 延缓衰老 |

雪梨菊花茶

◉ 原料 *Ingredients* •

雪梨……140克

菊花……8克

枸杞……10克

冰糖……适量

◉ 做法 *Directions* •

1 取两碗温水，分别放入菊花和枸杞，清洗干净，捞出。

2 洗净的雪梨取果肉，改切成薄片。

3 雪梨片放入汤锅，加清水用大火略煮，撒上冰糖，倒入清洗好的菊花和枸杞。

4 略煮至散发出花香味，关火盛出，装入杯中。

营养功效

菊花含有水苏碱、刺槐苷、木樨草苷、大波斯菊苷、胆碱、葡萄糖苷等成分，具有清热解毒、延缓衰老、抗肿瘤等功效；雪梨具有润肺清燥的作用。本品可滋阴、润肺、明目，适合在午后饮用。

| 消暑解渴　润肺清热

木瓜雪梨菊花饮

营养功效

　　木瓜含有蛋白质、番木瓜碱、木瓜蛋白酶、木瓜凝乳酶、苹果酸、柠檬酸、维生素C、铁、锌、钙等营养成分，具有消暑解渴、帮助消化、抗肿瘤等功效；雪梨具有润肺清热的作用，夏季常食用还能帮助预防上火、长痘等。

◉ 原料 *Ingredients* •

木瓜肉……130克
雪梨……75克
菊花茶……适量
白糖……适量

◉ 做法 *Directions* •

1　木瓜肉切小块。

2　雪梨取果肉，切小块。

3　汤锅中注水烧热，倒入切好的水果，盖上盖，煮至食材熟透。

4　倒入菊花茶，撒上白糖，拌匀，煮至白糖溶化，盛出即可。

增强食欲　促进消化 |

荷叶茶

● 原料 *Ingredients* ●

决明子……25克　　山楂干……12克

枸杞……8克　　　干荷叶……5克

玫瑰花……少许

● 做法 *Directions* ●

1　用温开水将干荷叶、山楂干、枸杞、玫瑰花
　　清洗干净，捞出沥干，放入盘中，待用。

2　将洗好的材料以及决明子倒入瓷茶壶中，注
　　入适量开水，至九分满。

3　盖上杯盖，泡约5分钟，至其析出有效成分。

4　将泡好的药茶倒入小茶杯中即可。

营养功效

　　决明子含有蛋白质、谷甾醇、脂肪油、大黄素、大黄酚、决明素等成分，具有清肝火、祛风湿、益肾明目等功效。荷叶可以帮助消除暑热烦渴；山楂干能增强食欲、促进消化。本品适合天气炎热的夏季饮用。

| 调理脾胃　美白嫩肤

荷叶山楂薏米茶

营养功效

　　薏米含有碳水化合物、蛋白质、不饱和脂肪酸、薏苡仁油等营养成分，具有清热利湿、益肺排脓、健脾胃、强筋骨等功效。此饮品可调理脾胃、清肠排毒、降脂减肥、美白、改善肤质，适合胃肠负担重或想减肥的人士饮用。

◉ 原料 *Ingredients* •

薏米……35克　　　山楂干……15克

陈皮……10克　　　干荷叶……5克

冰糖……适量

◉ 做法 *Directions* •

1 碗中注入适量清水，放入干荷叶、山楂干、陈皮和薏米，清洗干净。

2 锅置火上，倒入清洗好沥干水分的材料，注入适量清水，大火煮沸。

3 转小火煮约半小时，至其熟软。

4 加入适量冰糖，拌匀，用大火煮至溶化，关火盛入杯中即成。

健脾开胃　促进食欲 |

双花山楂茶

◉ 原料 *Ingredients* •

山楂干……25克

金银花……15克

菊花……10克

◉ 做法 *Directions* •

1　将金银花、山楂干和菊花清洗干净。

2　汤锅置火上，倒入已经洗好的材料，注入适量清水。

3　盖上盖，烧开后用小火煮约20分钟，至材料析出有效成分。

4　揭盖后关火，盛出煮好的山楂茶，装入茶杯中即成。

营养功效

　　金银花含有绿原酸、异绿原酸、白果醇、棕榈酸乙酯等成分，有清热解毒、增强免疫力等功效；山楂能开胃消食，可促进脂肪的分解；菊花清肝明目，祛暑消炎。本品有健脾开胃、改善食欲不佳的功效。

| 促进食欲　健脾养胃

菊普山楂饮

营养功效

　　杭白菊含有B族维生素、菊苷、胆碱、水苏碱、氨基酸、锌、钠、铁等成分，具有疏风、清热、明目、解毒等功效；山楂具有健胃消食的作用，还能够帮助促进食欲。本品具有健脾养胃的作用。

◎ 原料 *Ingredients* ●

普洱茶……15克

山楂干……10克

杭白菊……5克

◎ 做法 *Directions* ●

1 用清水将山楂干清洗干净后，捞出沥干水分，放入盘中，待用。

2 将备好的全部材料放入汤锅中，注入适量清水，静置约1小时。

3 开大火煮至沸腾，再用小火续煮约15分钟，使材料析出有效成分。

4 关火后盛出煮好的药茶，装入杯中即可。

鲜薄荷柠檬茶

生津解暑　提神醒脑

◉ 原料 *Ingredients* •

柠檬……70克

鲜薄荷叶……少许

热红茶……适量

冰糖……适量

营养功效

　　柠檬含有柠檬酸、维生素C、类黄酮、钾、钙、铁等营养成分，有生津解暑、开胃醒脾等功效；新鲜的薄荷叶有提神醒脑的作用；冰糖是滋润之品。本品尤其适合女生在午后享用，具有提神解乏的功效。

◉ 做法 *Directions* •

1　将洗净的柠檬切薄片。

2　取一个瓷杯，注入准备好的热红茶。

3　放入柠檬片，加入少许冰糖。

4　点缀上几片薄荷叶，浸泡一会儿即可。

生津止渴　清热解暑 |

茉莉花柠檬茶

工作累了的时候，喝一杯茉莉花柠檬茶，
感觉暖流慢慢穿过身体，放松你的每一根神经。
在不可捉摸的时间里，感受徐徐而至的惬意。

◉ 原料 *Ingredients* •

柠檬……40克

红茶包……适量

茉莉花……适量

冰糖……少许

◉ 做法 *Directions* •

1 茉莉花放入凉开水中，浸泡后捞出；柠檬洗净切片。

2 取一个干净的茶壶，放入红茶包，倒入茉莉花。

3 注入适量的开水，盖上盖，泡约1分钟。

4 揭开盖，放入备好的柠檬片、冰糖，泡至冰糖完全溶化即可。

营养功效

柠檬含有维生素C、糖类、维生素B_1、维生素B_2、钙、磷、铁等营养成分，具有生津止渴、清热解暑、增强免疫力、美白等功效；茉莉花具有提神的功效。本品能够解乏、消除疲劳。

| 美肤养颜　理气解郁

玫瑰花茶

玫瑰花泡进沸腾的茶水里，
就像一抹嫣红，忽而跌入深不可测的绿意里。
慢慢舒展，慢慢柔软，最后浑然一体。

◉ 原料 *Ingredients* •

绿茶叶……15克

玫瑰花……8克

茉莉花……5克

◉ 做法 *Directions* •

1　取一碗清水，倒入备好的材料，清洗干净后捞出。

2　另取一个玻璃杯，倒入已经清洗好的材料。

3　注入适量开水，至八九分满。

4　泡约2分钟，至散发出茶香，趁热饮用即可。

营养功效

　　玫瑰花含有挥发油、维生素C、鞣质、脂肪油、钙、磷、钾、铁、镁等成分，具有理气解郁、和血散瘀、美肤养颜、促进血液循环、增强免疫力等功效；茉莉花味道清香。本品是一道醇香的花茶，尤其适合情绪低落的女性饮用。

养心安神　塑形瘦身

百合绿茶

有些相遇是天作之合，
它清新美丽，是天使种下的美梦；它勇敢正义，释放着浪漫情怀。
它们是百合与绿茶，这种相遇，是最美的约定。

◉ 原料 *Ingredients* •

绿茶叶……15克

鲜百合花……少许

白糖……适量

◉ 做法 *Directions* •

1 取一碗清水，倒入绿茶叶，清洗干净，待用。

2 另取一个玻璃壶，倒入洗好的绿茶叶，放入洗净的鲜
百合花。

3 注入适量的开水，至七八分满，泡约3分钟。

4 将泡好的绿茶倒入杯中，加入少许白糖拌匀即可。

营养功效

百合花清香怡人，含有蛋白质、还原糖、B族维生素、维生素C、淀粉、钙、磷、铁等营养成分，具有养心安神、润肺止咳等功效；绿茶具有清理肠胃、塑形瘦身的功效。本品具有减肥的功效，特别适合需要瘦身的女性经常饮用。

补血止痛　散寒祛寒

四物饮

没有人生来就灰暗，每个人都有精彩的权利。

看起来再沉的水，想要甜起来，也只需要一把糖而已。

所以，别让自己的生活一潭死水，哪怕黑云压城，也要怀有畅想。

◉ 原料 *Ingredients* •

熟地黄……10克

白芍……8克

川芎……7克

当归……5克

红糖……适量

◉ 做法 *Directions* •

1 取一碗清水，将药材清洗干净后，捞出沥干水分，放入碟子中。

2 洗好的药材倒入汤锅，注入适量清水，烧开后转小火煮约30分钟，至材料析出有效成分。

3 揭盖，加入备好的红糖，拌匀，煮至溶化。

4 关火后盛出煮好的汤汁，装入杯中即成。

营养功效

　　熟地黄含有水苏糖、果糖、地黄多糖、梓醇、地黄苷、地黄素等成分，具有补肾固精、活血补血等功效；当归具有补血止痛的作用；红糖能够温中散寒。本品能够帮助女性散寒祛寒，防治痛经。

| 镇定安神　减肥瘦身

三花减肥茶

每一朵花都有自己的语言，我们解读花语，同时也是在读懂自己。

一杯清茶，对健康与美的追求，

你其实可以更加爱自己。

◉ 原料 *Ingredients* •

干荷叶……少许

玫瑰花……少许

茉莉花……少许

玳玳花……少许

川芎……少许

◉ 做法 *Directions* •

1　取一个茶杯。

2　倒入全部洗净的材料。

3　倒入适量的沸水，至九分满。

4　泡约3分钟，至散出香味，趁热饮用即可。

营养功效

　　玳玳花具有镇定安神、促进血液循环、减肥瘦身等功效；荷叶可清暑热、解烦渴、帮助利水消肿；茉莉花具有清肝明目的功效。此饮有利人体排出多余的水分，可消脂利湿，是减肥不可多得的饮品。

补中益气　养血安神 ┃

丰胸茶

对自己好，现在就行动。
无论四季的阴晴如何变换，都不要影响沏一壶暖心茶的决定。
永远拥抱这份美丽的心情，做一个明媚的女子。

◉ 原料 *Ingredients* •

当归……12克

黄芪……8克

枸杞……少许

桂圆肉……少许

红枣……少许

红糖……适量

◉ 做法 *Directions* •

1 将除红糖外的材料清洗干净，捞出沥干水分，放入盘中待用。

2 另取一个茶壶，放入洗好的材料，注入开水至九分满，盖好泡约5分钟，至汤汁散发出香味。

3 开盖加入备好的红糖，搅拌均匀，再盖好泡约10分钟，至材料析出有效成分。

4 将茶汁倒入小玻璃杯中即可。

营养功效

　　当归具有补血活血、调经止痛、润燥滑肠等功效；红枣营养丰富，富含蛋白质、脂肪、粗纤维、有机酸、多种维生素等。本品具有补中益气、养血安神的功效，女性经常适量饮用有丰胸作用。

清肠茶

促进食欲　美白美容

◉ 原料 *Ingredients* ●

山楂干……少许

杭白菊……少许

干柠檬片……少许

玫瑰花……少许

陈皮……少许

冰糖……适量

◉ 做法 *Directions* ●

1　取一碗清水，倒入山楂干、杭白菊、干柠檬片
　　和陈皮，清洗干净，待用。

2　砂锅中注入适量清水烧热，倒入清洗过的材料。

3　拌匀，用大火略煮一会儿，至材料析出有效成分。

4　撒上冰糖，煮至溶化后放玫瑰花，煮出香味，
　　盛出即可。

营养功效

　　杭白菊含有挥发油、菊
苷、胆碱、水苏碱及刺槐树碱
等成分，具有疏散风热、平肝
明目、清热解毒等功效；山楂
干具有促进食欲、健胃消食的
功效。经常饮用本品能够促进
食欲、美白美容。

自制丝袜奶茶

延缓衰老　生津清热

◉ 原料 *Ingredients* •

纯牛奶……150毫升

红茶……1包

白糖……少许

营养功效

　　红茶含有胡萝卜素、多种氨基酸、咖啡碱、钙、磷、镁、钾等营养成分，具有延缓衰老、生津清热、增强免疫力等功效；牛奶具有润肺、润肠、通便的作用。经常饮用本品可以强健身体。

◉ 做法 *Directions* •

1 锅置火上烧热，倒入纯牛奶，放入红茶包，搅拌均匀。

2 用大火略煮，待沸腾时撒上少许白糖，拌匀。

3 续煮至白糖完全溶化。

4 关火后盛出煮好的奶茶，装入杯中即可。

| 提神益思　消除疲劳

港式奶茶

满满的、升腾的热量，苦涩在前，甘甜在后。
唇齿留香，洋溢着浓浓的满足感，
这不仅充满了你的胃，还萦绕在心头不散去。

◉ 原料 *Ingredients* •

淡奶……120克

红茶……2包

白糖……少许

◉ 做法 *Directions* •

1 锅中注入适量清水烧开，放入红茶包搅拌，
   煮出清香味。

2 关火后盛出红茶汁，装入杯中。

3 在杯中倒入备好的淡奶。

4 撒上少许白糖，拌匀，趁热饮用即可。

营养功效

　　红茶含有胡萝卜素、咖啡碱、赖氨酸、谷氨酸、丙氨酸、天门冬氨酸、磷、镁、钾等营养成分，具有暖胃养生、助消化、增进食欲、消除疲劳、消除水肿等功效；白糖具有生津润燥的作用。本品可以提神益思，尤其适合午后饮用。

| 提神醒脑　缓解疲劳

港式皇家丝滑奶茶

你站在深秋的暮色里，一颦一笑，都带着孤冷的骄傲。
我想，你是最后的贵族。
只有清澈的湖水，倒映出你优雅的矜持。

◉ 原料 *Ingredients* •

红茶……1包

全脂淡奶……少许

白糖……适量

◉ 做法 *Directions* •

1 取一个茶杯，注入适量的开水。

2 放入红茶包，撒上少许白糖，搅拌均匀。

3 泡约3分钟，至茶汁呈淡红色。

4 取出茶包，倒入全脂淡奶，拌匀，趁热饮用即可。

营养功效

　　红茶含有维生素A、维生素C、维生素E、钙、磷、钾、镁、铁、碘等营养成分，具有提神醒脑、缓解疲劳、解毒杀菌等功效；全脂淡奶是女性美容塑形的健康选择。本品适合工作疲劳的午后细细品尝，还能帮助提高工作效率。

美容护肤　补充营养 |

香醇玫瑰奶茶

收到一束意料之外的玫瑰，就像收获一份久违的爱情。
在被给予的爱意里，更加爱自己。
就像是午后，一场玫瑰色的邂逅。

◉ **原料** *Ingredients* •

牛奶……100毫升

玫瑰花……15克

红茶包……1袋

蜂蜜……少许

◉ **做法** *Directions* •

1 锅中注入适量清水烧开，放入洗净的玫瑰花，用大火略煮。

2 放入备好的红茶包，用中火煮出淡红的颜色，拌匀。

3 倒入牛奶，拌匀，用大火煮沸。

4 关火后盛出煮好的奶茶，装入杯中，加入少许蜂蜜，拌匀即可。

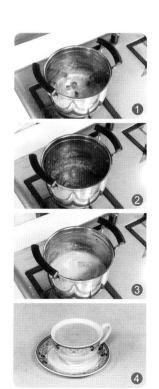

营养功效

　　玫瑰花含有蛋白质、碳水化合物、钙、磷、钾、铁、镁等成分，具有柔肝醒胃、疏气活血、养颜护肤等功效。玫瑰花加上牛奶和蜂蜜，不仅口感醇厚，味道香甜，还补充了人体所需的钙质。

醒脑提神　美容养颜

鸳鸯奶茶

一杯适合在下午饮用的奶茶，一份可以和情人分享的甜蜜。
淡淡的苦涩，浓浓的醇香，
也许感情都需要沉淀，
但偶尔，想要拥抱的勇气也格外动人。

◉ 原料 *Ingredients* •

牛奶……100毫升

速溶咖啡……1袋

红茶……1包

白糖……少许

◉ 做法 *Directions* •

1 取一个茶杯，放入红茶包，注入适量开水，泡约3分钟，至茶水呈红色。

2 取出茶包，倒入备好的牛奶，拌匀待用。

3 另取一个咖啡杯，倒入速溶咖啡和开水，搅拌至咖啡粉溶化。

4 将泡好的咖啡倒入茶杯中，加入适量白糖，拌匀，趁热饮用即可。

营养功效

咖啡含有纤维素、烟酸、咖啡因及钙、磷、铁、钠等营养成分，具有醒脑提神、加速新陈代谢、促进消化、改善便秘等功效；牛奶能够美白养颜。本品色泽诱人，味道醇香，尤其适合在午后品用。

快上手蔬果汁

薄荷奶茶

镇定安神　美容养颜

◉ 原料 *Ingredients* •

牛奶……120毫升

红茶包……1袋

鲜薄荷叶……少许

◉ 做法 *Directions* •

1 将鲜薄荷叶清洗干净，待用。

2 取一个小茶壶，放入红茶包、薄荷叶，注入开水。

3 盖上盖，泡约5分钟，至茶汁色泽暗红。

4 注入牛奶，搅拌均匀，将泡好的奶茶倒入小玻璃杯中即成。

营养功效

薄荷叶含有薄荷霜、薄荷油、薄荷醇、薄荷酮、异薄荷酮、迷迭香酸等成分，具有健胃祛污、润肤、助消化等功效；牛奶含有优质的蛋白质、脂肪、维生素A和维生素D。本品有安神、美容养颜的作用。

祛寒止痛　祛寒健胃

姜汁撞奶

● 原料 *Ingredients* ●

牛奶……75毫升

姜汁……55毫升

白糖……少许

● 做法 *Directions* ●

1 锅置火上，注入备好的牛奶，用大火略煮。

2 撒上少许白糖，快速搅拌至白糖溶化。

3 关火后晾凉至70℃左右，待用。

4 在玻璃杯中倒入备好的姜汁，再盛入锅中的
  奶汁，趁热饮用。

营养功效

　　姜含有蛋白质、膳食纤维、胡萝卜素、B族维生素、钾、钠、钙、镁等营养成分，具有防暑、降温、提神、杀菌解毒、消肿止痛、祛寒健胃等功效；牛奶具有增强人体免疫力的作用。女性经常饮用本品可以提高抵御疾病的能力。

理脾和胃　美容塑身

木瓜牛奶饮

丝滑的口感，性感的双唇，
我还在原地，你去了哪儿，
木瓜爱上牛奶，我爱上了你。

◉ 原料 *Ingredients* •

木瓜肉……140克

牛奶……170毫升

白糖……适量

◉ 做法 *Directions* •

1 木瓜肉切成小块。

2 取榨汁机，倒入木瓜块，加入牛奶，注入纯净
　水，撒上少许白糖，盖好盖子。

3 选择"榨汁"键，榨取果汁。

4 断电以后倒出果汁，装入杯子中即成。

营养功效

　　木瓜含番木瓜碱、木瓜蛋
白酶、凝乳酶、胡萝卜素等，
具有理脾和胃、美容、护肤、
乌发的功效，而且自古以来木
瓜就是第一丰胸佳果。本品具
有很好的美容丰胸功效，适合
女性经常饮用。

果汁牛奶

生津止渴　和胃健脾

◉ 原料 *Ingredients* •

橙子肉……200克

纯牛奶……100毫升

蜂蜜……少许

◉ 做法 *Directions* •

1 橙子去皮取肉，切小块。

2 取榨汁机，倒入适量的橙子肉块，榨出果汁。

3 将榨好的橙汁倒入杯中，加入适量的纯牛奶以及蜂蜜。

4 搅拌均匀即可饮用。

营养功效

　　橙子含有多种维生素以及钾、钠、钙、镁、铁等营养成分，具有生津止渴、和胃健脾等功效；牛奶含有优质的蛋白质和容易被人体消化吸收的脂肪、维生素A、维生素D。饮用本品可调和肠胃、生津止渴。

火龙果牛奶

—美白皮肤　排毒健身

◉ 原料 *Ingredients* •

火龙果肉……135克

纯牛奶……120毫升

营养功效

　　火龙果含有膳食纤维、维生素C、果糖、葡萄糖、花青素及钙、磷、铁等营养成分，具有美白皮肤、增强血管弹性、降血糖、排毒等功效。火龙果中富含的多种维生素，有利于牛奶中钙的吸收。

◉ 做法 *Directions* •

1　火龙果肉切小块，备用。

2　取榨汁机，选择搅拌刀座组合，倒入火龙果肉。

3　注入适量纯牛奶，盖好盖子，选择"榨汁"功能，榨取果汁。

4　断电以后倒出果汁，装入杯中即可。

美容强身　减肥塑体

酸奶水果杯

可能命中注定这个词的缘由，来得并不那么命中注定。

只是因为被偏爱，所以一切都显得理所当然。

就像你正在品尝的水果，怎能确定你看中它便是命中注定，而非执着的偏爱呢？

◉ 原料 *Ingredients* •

火龙果……130克

苹果……80克

酸奶……75克

橙子……70克

◉ 做法 *Directions* •

1 将火龙果、橙子、苹果清洗去皮后各取果肉，切小块。

2 取一个干净的玻璃杯。

3 将已经切好的火龙果、橙子和苹果放入玻璃杯中。

4 均匀地淋上酸奶即可。

营养功效

　　火龙果含有膳食纤维、维生素B_2、维生素C、花青素及铁、磷、钙、镁、钾等营养成分，具有减肥瘦身、降低胆固醇、改善便秘、增强免疫力等功效。本品具有美容养颜的作用，适合女性经常食用。

补益气血　美容护肤 |

水蜜桃酸奶

一颗水蜜桃，不仅仅只是水嫩诱人，
清香甜润的口感，碰撞酸奶的柔滑，
演绎出，不可或缺的甜蜜滋味。

◉ 原料 *Ingredients* •

水蜜桃……120克

酸奶……80克

冰块……适量

白糖……适量

◉ 做法 *Directions* •

1　洗净的水蜜桃切取果肉，改切成小块。

2　将切好的水蜜桃放入榨汁机，选择搅拌刀座组
　　合，倒入酸奶，撒少许白糖，再加入冰块。

3　盖好盖，启动榨汁机，榨取果汁。

4　将果汁倒入干净的杯子中，即可享用。

营养功效

　　水蜜桃含丰富铁质、糖
类、维生素B_1、维生素B_2等
营养成分，能增加人体血红蛋
白数量，具有补益气血、美容
护肤、养阴生津等功效。本品
还具有促进肠胃蠕动和排毒的
功效，非常适合女性饮用。

改善视力　美白皮肤

火龙果酸奶

营养功效

　　火龙果含有蛋白质、膳食纤维、维生素B_2、维生素C、铁、磷、钙、镁、钾等营养成分，具有预防便秘、美白皮肤、改善视力等功效；酸奶能够帮助消化饱食后的油腻和腹胀。本品对于促进肠胃蠕动、预防便秘有很好的作用。

◉ 原料 *Ingredients* •

火龙果……180克

酸奶……150克

蜂蜜……少许

◉ 做法 *Directions* •

1　火龙果取果肉切丁。

2　取一个玻璃杯，倒入火龙果丁。

3　加入少许蜂蜜，拌匀，并将果肉压成泥状。

4　倒入备好的酸奶即可。

补充能量　增强脑力 |

热巧克力

◉ 原料 *Ingredients* •

牛奶……100毫升

巧克力……35克

◉ 做法 *Directions* •

1 锅置火上烧热，注入备好的牛奶。

2 撒上巧克力，反复搅拌均匀。

3 用小火略煮，煮至巧克力溶化。

4 关火后盛出已经煮好的热巧克力，装入杯中即成。

营养功效

巧克力含有维生素A、可可碱及镁、钾等营养物质，具有补充能量、保持血液畅通、抗氧化等功效。巧克力配上牛奶，可大量满足人体所需要的能量，增强大脑的活力，让人变得更机敏，增强注意力。

芒果酸奶

润肺清热　补充营养

◉ **原料** *Ingredients* •

芒果肉……70克

酸奶……65克

蜂蜜……少许

◉ **做法** *Directions* •

1　将芒果去皮取肉，切小块。

2　取榨汁机，选择搅拌刀座组合，倒入切好的芒
　　果肉，加入酸奶和蜂蜜。

3　盖好盖，启动榨汁机，榨汁。

4　倒出榨好的芒果汁，装入杯中即可享用美食。

营养功效

　　芒果含有糖类、胡萝卜素、维生素C、硒、钙、磷、钾等营养成分，具有润肺清热、解渴利尿、益胃止呕等功效；酸奶具有生津止渴、补虚开胃、润肠通便的功效。本品具有改善营养不良的作用。

芒果西米露

| 美容养颜　延缓衰老

◉ 原料 *Ingredients* •

芒果肉……60克

西米……80克

牛奶……50毫升

椰汁……适量

炼乳……适量

营养功效

　　芒果不仅含有蛋白质、糖分、粗纤维、维生素A、铁、锌、钙等营养物质，具有生津止渴、益胃止呕、延缓衰老等功效，还有益于视力健康。本品具有美容和延缓衰老的作用，特别适合爱美的女性。

◉ 做法 *Directions* •

1　芒果肉切小丁。

2　锅中注入适量清水烧开，放入备好的西米，烧开后用小火煮约20分钟。

3　锅置于火上，倒入椰汁和牛奶煮沸，加入备好的炼乳，拌匀，再次煮沸。

4　关火后盛出煮好的汤汁，装入杯中，待凉后再放入煮好的西米，点缀上芒果丁即可。

缓解疲劳　延缓衰老 |

紫薯牛奶西米露

紫色的梦幻拉飞你的想象，
香醇的气味袅袅而起，
晶莹润滑的珠子点缀其间，
你若细细品味，便一定会喜欢上这种美好。

⊙ 原料 *Ingredients* ●

牛奶……95毫升

紫薯块……60克

西米……45克

冰糖……适量

⊙ 做法 *Directions* ●

1　蒸锅装水置火上烧开，放入备好的紫薯块，蒸至其熟软。

2　取出紫薯块，放凉后切成丁。

3　汤锅置火上，注入牛奶，加入冰糖，拌匀，煮至糖分溶化，倒入备好的西米、紫薯拌匀。

4　煮至西米色泽通透后关火，装入杯中即成。

营养功效

　　紫薯含有蛋白质、淀粉、果胶、纤维素、花青素、维生素及多种矿物质，具有缓解疲劳、延缓衰老、助消化、补血等功效；牛奶是美白健康佳品。本品具有补充能量、增强体质的作用。

| 清热解毒　健脾益胃

红豆牛奶西米露

这听起来像是一个关于思念的名词，
一片朦胧，自有香甜。
那些充满喜悦的思念，就像一颗颗珍珠，滑过流年。

◉ 原料 *Ingredients* •

西米……35克

红豆……60克

牛奶……90毫升

炼奶……少许

◉ 做法 *Directions* •

1　西米加入清水中，大火煮开，然后转小火煮约30分
　　钟，至西米色泽通透，关火揭盖，冷却备用。

2　将牛奶装入碗中，再盛入煮好的西米，冷藏待用。

3　另起锅，倒入红豆煮熟后捞出，与炼奶搅拌均匀，制
　　成红豆羹。

4　将红豆羹加入到适量的牛奶西米中即可。

营养功效

　　红豆含有蛋白质、粗纤维、B族维生素及钙、磷、铁等营养成分，具有清热解毒、健脾益胃、利尿消肿、通气除烦等功效。本品具有美容养颜、美白护肤的良好作用，尤其适合女性在午后品用。

清肝明目　滋补养颜

双雪露

夏天一到，我们就将夏天的颜色穿在身上，
清雅的、活泼的、浓烈的，各有各的精彩。
只是百种风情汩汩而过，最倾心的还是如雪似露的淡雅。

◉ 原料 *Ingredients* •

水发银耳……50克

雪梨……40克

枸杞……少许

◉ 做法 *Directions* •

1　泡发好的银耳去除黄色根部，切成小朵。

2　洗净的雪梨对半切开，去皮、去核，切成块。

3　取榨汁机，倒入雪梨、银耳，注入适量纯净水后
　　榨汁。

4　将榨好的汁滤入杯中，撒上枸杞即可。

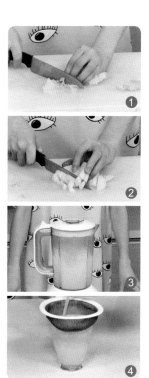

营养功效

　　银耳含有蛋白质、肝糖、膳食纤维及多种氨基酸、矿物质，具有美容养颜、增强免疫力、滋阴润肺等功效；枸杞子具有清肝明目的功效，经常食用对视力有帮助。本品具有滋补、养颜的功效。

|清热润燥　益气开胃

红枣银耳露

营养功效

　　银耳是一味滋补良药，含有多种人体所需的氨基酸，还含有钙、磷、铁、钾、钠等营养成分，具有补脾开胃、益气清肠、安眠健胃、补脑、养阴清热、润燥的功效。本品具有美容滋补的功效，尤其适合体虚的女性常饮。

⊙ 原料 *Ingredients* •

水发银耳……130克

红枣……20克

白糖……少许

⊙ 做法 *Directions* •

1　洗净的红枣取果肉，切小块；洗净的银耳切小朵，备用。

2　取榨汁机，倒入切好的银耳和红枣，注入适量清水榨汁。

3　汤锅置火上，倒入榨汁杯中的材料，煮至食材熟软。

4　揭盖，撒上适量的白糖煮化，盛出即可。

绿豆沙

消暑解渴 美容养颜

◉ 原料 *Ingredients* •

绿豆……65克

营养功效

绿豆含有蛋白质、维生素E、膳食纤维、钙、铁、磷、钾、镁等营养成分，能够厚肠胃、润皮肤、和五脏、滋脾胃，具有清暑热毒、保护肝脏、美容等功效。经常饮用本品能够消暑解渴、美容养颜。

◉ 做法 *Directions* •

1 碗中注入适量清水，放入洗净的绿豆，浸泡约2小时。

2 锅中注入适量清水烧开，倒入泡好的绿豆。

3 烧开后用小火煮至食材熟软，捞出绿豆皮。

4 关火后盛出煮好的绿豆沙，装入杯中即成。

消暑清热　补充能量

冰爽水果捞

绿色是青春，红色是热情，黄色光芒四射。
搭配上酸甜，青春何愁没滋味。
所谓年轻，就是要这样尽情地体味。

◉ 原料 *Ingredients* ●

西瓜……170克

火龙果……150克

芒果……120克

香瓜……100克

椰奶……45毫升

◉ 做法 *Directions* ●

1　芒果取果肉切丁；火龙果取果肉切小块。

2　洗净的香瓜取果肉切丁；西瓜取果肉切小块备用。

3　将切好的水果放入杯中铺匀。

4　再倒入适量椰奶，拌匀即可。

①
②
③
④

营养功效

　　香瓜能够消暑清热、生津解渴、保护肝脏；火龙果具有美容、清肠胃、排毒的作用，能够帮助女性预防便秘。本品富含维生素和糖分，在午后食用还能起到补充能量、舒缓身心的作用。

第四章

健康生活，就喝五谷豆浆

以前不知道，

用五谷杂粮精心制作出的豆浆，

也可以有这么多的种类和颜色。

让身体从清晨的慵懒里迅速苏醒，

恢复饱满活力。

给家人和自己调制一杯豆浆吧，

安然地享受每一顿早餐，

用心感受生活带给我们不期而至的美好。

本章主要介绍多款豆浆的制作方法，

更搭配详细的营养小贴士，

让您在用心烹制豆浆的同时，

传递出对家人的满满爱意。

这是一份关于幸福的典藏，

希望您尽数收纳。

养颜美容　滋补营养

木瓜银耳豆浆

木瓜带着炙热，银耳带着清新，
它们在邂逅豆浆之后，开始尽情释放自己，
香甜、糯滑的滋味，撞击着唇齿，
让口腔享受奢华。

◉ 原料 *Ingredients* ●

木瓜……160克

水发银耳……110克

水发黄豆……100克

水发花生米……80克

红枣……30克

冰糖……少许

◉ 做法 *Directions* ●

1 红枣洗净切小块；木瓜洗净取瓜肉切丁；银耳洗净，
　切小朵。

2 取备好的豆浆机，放入银耳、红枣、花生米，加入已
　浸泡8小时的黄豆，注入适量清水。

3 启动豆浆机开始打浆，断电后将银耳豆浆盛出装碗。

4 锅洗净，置火上，加入银耳豆浆、冰糖、木瓜，烧开
　后用小火煮至木瓜熟软，关火后装入碗中即成。

营养功效

　　银耳含有维生素D、海藻糖、钙、磷、铁、钾等营养成分，可补脑提神、美容嫩肤、延缓衰老；木瓜享有"第一丰胸佳果"的美誉，同时还有护肤、乌发的功效。本品适合女性饮用，可养颜美容。

调养肠胃 提供能量

紫薯山药豆浆

暖暖的气息，梦幻的色彩，
告别冰封的胃，从口腔开启温暖的旅程。
世界太大，能将你捧在手心就好。

⊙ 原料 *Ingredients* •

水发黄豆……120克

山药……70克

紫薯……70克

⊙ 做法 *Directions* •

1 山药去皮洗净切丁；紫薯去皮洗净切小块。

2 取备好的豆浆机，倒入浸泡好的黄豆，放入切好
的紫薯和山药。

3 豆浆机中注入适量的清水，至水位线即可。

4 盖上豆浆机机头，选择"五谷"程序，再选择
"开始"键，待其运转约15分钟；断电后取下机
头，倒出豆浆，装入碗中即成。

营养功效

紫薯含有淀粉、多种维生
素及矿物质，具有保护视力、
增强免疫力、清除体内自由基
等功效；山药能分解蛋白质和
糖，有减肥轻身的作用，还可
滋养肠胃。本品能帮助女性调
养肠胃，还能提供能量。

淮山莲香豆浆

清心降火　滋补养颜

◉ 原料 *Ingredients* •

山药……120克

水发黄豆……100克

水发莲子……40克

◉ 做法 *Directions* •

1　莲子洗净切碎。

2　山药去皮洗净，切丁。

3　取备好的豆浆机，倒入切好的山药和莲子；放入已浸泡8小时的黄豆，注入适量清水。

4　盖上豆浆机机头，选择"五谷"程序，再选择"开始"键，待其运转约15分钟；断电后取出机头，倒出煮好的豆浆，装入碗中即成。

营养功效

山药含有黏液蛋白、淀粉酶、多酚氧化酶、胆碱、卵磷脂等营养成分，具有健脾胃、安心神、滋阴补阳等功效；莲子富含钙、钾、磷等矿物质。本品有清心降火、滋补养颜的作用，常饮有益于身体健康。

小米豆浆

健胃消食 美容养颜

◉ 原料 *Ingredients* •

水发黄豆……120克

水发小米……80克

营养功效

    小米是五谷杂粮中常见的健康食品，含有蛋白质、胡萝卜素、钙、磷、铜、钾等营养成分，具有健胃消食、益气安神、补益虚损等功效；黄豆具有美容养肤的作用。本品具有健胃消食、美容养颜的功效。

◉ 做法 *Directions* •

1 取备好的豆浆机，倒入泡发好的小米和黄豆。

2 豆浆机中注入适量清水，至水位线即可。

3 盖上豆浆机机头，选择"五谷"程序，再选择"开始"键，待其运转约20分钟。

4 断电后取下机头，倒出煮好的小米豆浆，装入碗中即成。

| 促进消化　美容瘦身

燕麦豆浆

营养功效

　　燕麦含有膳食纤维、B族维生素、叶酸、铁、铜等，具有促进消化、降血压、降低胆固醇含量等功效，还能够帮助人体吸收多余的脂肪。本品有促进消化、美容瘦身的作用。

◎ 原料 *Ingredients* •

水发黄豆……120克

燕麦片……40克

白糖……少许

◎ 做法 *Directions* •

1 取准备好的豆浆机，倒入浸泡好的黄豆，放入燕麦片。

2 注入适量清水，至水位线即可。

3 盖上豆浆机机头，选择"五谷"程序，再选择"开始"键，待其运转约15分钟。

4 断电后取下机头，倒出煮好的豆浆，装入碗中，加入少许白糖，拌匀即可。

绿豆浆

清热降火 滋阴祛燥

◉ 原料 *Ingredients* •

水发绿豆……140克

白糖……适量

营养功效

绿豆含有蛋白质、碳水化合物、维生素A、钙、磷、铁等营养成分，具有清热解毒、开胃消食等功效；白糖有润肺生津，补中缓急的作用。本品适合在夏季多饮用，可清热降火、滋阴祛燥。

◉ 做法 *Directions* •

1 将泡好的绿豆倒入豆浆机中，再加入适量白糖。

2 往豆浆机中注入适量清水，至水位线即可。

3 盖上豆浆机的机头，选择"五谷"程序，制取豆浆。

4 把煮好的豆浆倒入容器中即可。

美容养颜　补血安神

黑豆浆

◉ 原料 *Ingredients* •

水发黄豆……120克

水发黑豆……100克

白糖……少许

◉ 做法 *Directions* •

1 取备好的豆浆机，倒入泡好的黑豆和黄豆。

2 撒上白糖，注入适量清水，至水位线即可。

3 盖上豆浆机机头，选择"五谷"程序，再选择"开始"键，待其运转约15分钟。

4 断电后，取下机头，倒出煮好的豆浆，装入碗中。

营养功效

黑豆含有蛋白质、胡萝卜素、维生素B_1、维生素B_2、烟酸、钙、磷、铁等营养成分，具有补血安神、乌发黑发、补肾阴等功效。女性经常饮用本品，可美容养颜、补血安神。

滋补美颜　健脾养胃

黑豆糯米豆浆

⦿ 原料 *Ingredients* •

水发黑豆……100克
水发糯米……90克
白糖……少许

⦿ 做法 *Directions* •

1 取准备好的豆浆机，倒入已经泡好的黑豆和糯米。

2 注入适量清水，至水位线即可。

3 盖上豆浆机机头，选择"五谷"程序，再选择"开始"键，待其运转约20分钟。

4 断电后取下机头，倒出煮好的豆浆，滤入碗中，加入少许白糖，拌匀即可。

营养功效

糯米为温补强身食品，具有补中益气、健脾养胃等功效；黑豆富含优质蛋白及多种矿物质，可美容养颜、调理月经。本品适合女性饮用，有滋补美颜、健脾养胃的功效。

花生豆浆

健脑益智　补中益气

◉ 原料 *Ingredients* •

水发黄豆……100克

水发花生米……80克

◉ 做法 *Directions* •

1 取出准备好的豆浆机，倒入浸泡好的花生米和黄豆。

2 豆浆机中注入适量清水，至水位线即可。

3 盖上豆浆机机头，选择"五谷"程序，再选择"开始"键，待其运转约15分钟。

4 断电后取下机头，倒出煮好的豆浆，装入碗中即成。

营养功效

花生米含有维生素A、维生素B_6、维生素E、维生素K、钙、磷、铁等营养成分，具有益气补血、增强记忆力、延缓衰老等功效；黄豆富含人体所需的多种必需氨基酸。本品可健脑益智、补中益气。

花生红枣豆浆

健脾和胃 补血养血

◉ 原料 *Ingredients* •

水发花生米……120克

水发黄豆……100克

红枣……20克

白糖……少许

营养功效

　　花生含有蛋白质、不饱和脂肪酸、维生素A、维生素E等营养成分，具有益气补血、醒脾和胃等功效；红枣是传统补品，有补中益气、养血安神的功效。本品尤其适合女性饮用，可健脾和胃、补血养血。

◉ 做法 *Directions* •

1 红枣洗净去核，切小瓣。

2 取备好的豆浆机，倒入浸泡好的花生米和黄豆，放入切好的红枣，撒上少许白糖。

3 豆浆机中注入适量清水，至水位线即可。

4 盖上豆浆机机头，选择"五谷"程序，再选择"开始"键，待其运转约15分钟；断电后取下机头，倒出煮好的豆浆，装入碗中即成。

滋阴润燥　养血补虚

花生三色豆浆

黑、红、黄三色杂糅，一杯香浓味足的暖饮，

给你温暖，润泽身体，

最后化作照亮你的微光，

让你的美丽更加清晰、动人。

◉ 原料 *Ingredients* •

水发黑豆……25克

水发花生米……25克

水发红豆……25克

水发黄豆……25克

◉ 做法 *Directions* •

1 取豆浆机，放入已浸泡8小时的黑豆、黄豆、红豆
和已浸泡4小时的花生米。

2 倒入纯净水，至水位线即可，盖好盖子。

3 盖上豆浆机的机头，选择"五谷"程序，再选择
"开始"键，打制豆浆。

4 把煮好的豆浆倒出，稍凉即成。

营养功效

黑豆含有多种维生素、微量元素，可补脾肾、美容养颜；红豆富含铁质，可补血、养血、益气祛湿；花生米中富含的卵磷脂，可提高记忆。本品四季皆可饮用，有滋阴润燥、养血补虚的作用。

益智补脑　补充能量

核桃芝麻豆浆

营养功效

核桃仁含有蛋白质、B族维生素、维生素E、钙、磷、铁等营养成分，具有润肺、缓解疲劳、润燥滑肠等作用；芝麻中富含不饱和脂肪酸，可防治心脑血管疾病，同时还有健脑、抗衰的功效。本品适合在午后饮用，能够帮助补充能量。

◉ 原料 *Ingredients* •

水发黄豆……100克

核桃仁……30克

黑芝麻……30克

◉ 做法 *Directions* •

1 取备好的豆浆机，倒入泡发的黄豆，撒上洗净的黑芝麻和核桃仁。

2 注入适量清水，至水位线即可。

3 盖上豆浆机机头，选择"五谷"程序，再选择"开始"键，待其运转约15分钟。

4 断电后取出机头，倒出煮好的豆浆，装入碗中即可。

益智补脑　强健身体

枸杞核桃豆浆

◉ 原料 *Ingredients* •

水发黄豆……50克

核桃仁……30克

枸杞……5克

◉ 做法 *Directions* •

1　将枸杞、核桃仁洗净。

2　取豆浆机，放入已浸泡8小时的黄豆和洗好的核桃仁、枸杞，加水至水位线。

3　盖上豆浆机机头，选择"五谷"程序，再选择"开始"键。

4　待豆浆机运转约15分钟，即成豆浆，倒入杯中即可。

营养功效

　　核桃仁含有蛋白质、维生素C、钾、钙、铁、锰等营养成分，具有补肾固精、温肺定喘、润肠等功效。本品男女老少皆宜，既能强身健体，又能益智补脑、防病、抗衰老。

清肝明目　补血强身

枸杞豆浆

你是夏季的果实，红色、耀眼，迸发着力量。

你带给豆浆色彩，它赋予了你新形象。

你们给彼此带来了人生新体验。

◉ **原料** *Ingredients* •

水发黄豆……120克

枸杞……少许

白糖……适量

◉ **做法** *Directions* •

1 取备好的豆浆机，倒入已浸泡8小时的黄豆，加入适量清水。

2 放入枸杞，撒上适量白糖。

3 盖上豆浆机机头，选择"五谷"程序，再选择"开始"键，待其运转约15分钟。

4 断电后取下机头，将煮好的豆浆装入碗中即可。

营养功效

　　枸杞含有多糖、甜菜碱、枸杞色素等成分，具有养肝滋肾、润肺补虚、清热明目等功效；黄豆富含优质蛋白和多种矿物质，可增强人体免疫力，预防缺铁性贫血。常饮本品可清肝明目、增强免疫力。

| 补血益气　美容养颜

茉莉花豆浆

营养功效

　　鹰嘴豆含有蛋白质、维生素B_1、泛酸、叶酸、钾、镁等营养成分，具有补血益气、降血糖等功效；茉莉花有清热解毒、利湿的功效。常饮本品，可补血益气、美容养颜。

⊙ 原料 *Ingredients* •

水发黄豆……80克

水发鹰嘴豆……80克

茉莉花……12克

⊙ 做法 *Directions* •

1　将茉莉花放入清水中，清洗干净后，放入沸水中，泡约3分钟，制成茉莉花茶待用。

2　备好豆浆机，倒入泡发的黄豆和鹰嘴豆。

3　注入泡好的茉莉花茶，至水位线即可。

4　盖上豆浆机机头，选择"五谷"程序，再选择"开始"键，待其运转约15分钟；断电后取下机头，倒出煮好的豆浆，装入碗中。

益气补血　美容养颜|

苹果豆浆

◉ 原料 *Ingredients* ●

苹果……140克

水发黄豆……100克

白糖……少许

◉ 做法 *Directions* ●

1　苹果洗净，切小块。

2　取备好的豆浆机，倒入已浸泡8小时的黄豆，放入苹果，撒上白糖，注入适量清水。

3　盖上豆浆机机头，选择"五谷"程序，再选择"开始"键，待其运转约15分钟。

4　断电后取出机头，倒出煮好的豆浆，装入杯中即成。

营养功效

　　苹果含蛋白质、维生素C、铁、钠、锌等成分，具有益气补血、降血压等功效；大豆营养全面，含量丰富。本品特别适合女性饮用，有润肠通便、美容养颜的作用。

第五章

缤纷夏日，
唯爱 冰爽冷饮

炎热的夏天，

是不是迫切需要一杯冰冰爽爽的冷饮？

户外强烈的阳光，

是不是让您迈不动出门的脚步？

偷偷告诉您，

小厨娘家的冷饮都是自制的。

无添加剂的健康DIY冷饮，

既能给夏季降温，又能补充营养。

您还在等什么呢？

本章主要介绍多款冷饮的制作方法，

搭配相应的营养小贴士，

让您健康做冷饮，快乐享生活。

| 开胃消食　生津止渴

酸梅饮

营养功效

　　乌梅含有柠檬酸、苹果酸、谷甾醇等营养成分，具有生津止渴、敛肺止咳、促进消化等功效；罗汉果有祛痰止咳、润肠通便的作用。本品可开胃消食、生津止渴。

◉ 原料 *Ingredients* •

乌梅……45克

甘草片……30克

罗汉果……20克

山楂干……15克

白糖……少许

◉ 做法 *Directions* •

1 将乌梅、甘草片、山楂干和罗汉果清洗干净，待用。

2 另取一碗清水，放入洗好的材料，浸泡约20分钟，待用。

3 汤锅置火上，倒入泡好的材料，烧开后用小火煮至食材析出有效成分。

4 揭开盖，撒上少许白糖，拌匀，用中火煮至白糖溶化，关火盛出后冷藏即可。

延缓衰老　美容养颜 |

香蕉冷饮

◉ 原料 *Ingredients* •

香蕉……125克

橙汁……100毫升

酸奶……60克

◉ 做法 *Directions* •

1　香蕉取果肉切小块。

2　取备好的榨汁机，选择搅拌刀座组合，倒入
　　香蕉；倒入备好的橙汁和酸奶，盖上盖子。

3　选择"榨汁"功能，榨出果汁。

4　断电后倒出果汁，冷藏后装入杯中即成。

营养功效

香蕉含有维生素A、维生
素C、纤维素、蛋白质、钾、
磷等营养成分，可促进肠胃蠕
动；橙汁富含维生素A和维生
素C，可清除体内的自由基，
延缓衰老。本品口感爽滑，有
润肠通便、美容养颜的功效。

石榴梨思慕雪

清热解毒　补血活血

◉ 原料 *Ingredients* ●

石榴……120克

雪梨……100克

香蕉……少许

牛奶……90毫升

◉ 做法 *Directions* ●

1　石榴取果肉粒待用；雪梨取果肉切小块。

2　取榨汁机，倒入石榴果粒和纯净水，盖好盖子，榨取石榴汁。

3　倒出果汁，装入杯中备用。

4　在榨汁机中放入雪梨、香蕉、牛奶、榨好的石榴汁，盖好盖子，榨出汁水，冷藏后倒入杯中即可。

营养功效

　　石榴含有蛋白质、B族维生素、维生素C、钙、磷、钾等营养成分，具有清热解毒、补血活血等功效；雪梨富含多种维生素和矿物质，有清热解毒的功效。本品适合在午后饮用，可清热解毒、润肠通便。

水果之恋

促进消化　美白嫩肤

◎ 原料 *Ingredients* •

香蕉……120克

火龙果……90克

芒果……80克

猕猴桃……60克

果冻……45克

冰块……适量

◎ 做法 *Directions* •

1　火龙果、香蕉取果肉，切小块；芒果、猕猴桃
洗净，取果肉切小块。

2　取备好的榨汁机，选择搅拌刀座组合，倒入切
好的水果，放入备好的冰块。

3　盖好盖子，选择"榨汁"功能，榨取果汁。

4　断电后倒出果汁，装入杯中，倒入备好的果冻
即可。

营养功效

　　火龙果含有蛋白质、维
生素B_2、维生素C、铁、钙、
镁、钾等营养成分，具有改善
视力、保持皮肤弹性、促进消
化等作用；猕猴桃是水果中含
有维生素较高的一种，具有美
白的作用。本品可美容养颜。

快上手蔬果汁

牛奶冰激凌

补充脑力　清热解暑

◉ 原料 *Ingredients* •

牛奶……100毫升

淡奶油……60克

鸡蛋……2个

白糖……15克

◉ 做法 *Directions* •

1　鸡蛋取蛋黄，放入碗中，撒上适量的白糖，搅散制成蛋液。

2　汤锅置于火上，倒入蛋液和牛奶搅拌均匀，用中火略煮；关火后盛出煮好的蛋奶，装入碗中放凉待用。

3　取一个小碗，倒入淡奶油，打至七八成发；另取一个大碗，倒入放凉的蛋奶，分次放入打发的淡奶油搅拌。

4　将搅拌好的材料装入杯中，再冷冻约1小时即成。

营养功效

　　鸡蛋含有蛋白质、卵磷脂、维生素A、B族维生素、维生素D、铁、磷、锌等营养成分，具有补充脑力、保护肝脏、养心润肺等功效；牛奶可补充优质蛋白和钙质，易于消化吸收。本品可清热解暑。

营养美味　清凉解暑

火龙果冰激凌

● 原料 *Ingredients* ●

纯牛奶……350毫升

火龙果……150克

淡奶油……50克

白糖……50克

● 做法 *Directions* ●

1　火龙果去皮，切成丁，装入盘中备用。

2　将准备好的纯牛奶倒入容器中，加入淡奶油、白糖，搅拌均匀。

3　倒入火龙果果肉，搅拌均匀。

4　把拌好的材料放入冰箱冷冻好，盛入杯中即可食用。

营养功效

　　牛奶含有蛋白质、磷脂、乳糖、钼等营养成分，具有强筋健骨、增强免疫力等功效；火龙果富含多种维生素和矿物质，有润肠的功效。本品营养美味、清凉解暑。

| 帮助消化　保护视力

西瓜芒果冷饮

这份属于夏日的馈赠，带来无尽畅想。
从味觉感知的片刻欢愉偷偷地留下一抹凉，
于是心里就盛绽了花海一片。

◉ 原料 *Ingredients* •

西瓜……200克

芒果……100克

酸奶……60克

◉ 做法 *Directions* •

1 西瓜取瓜肉切小块；芒果洗净，取果肉切小块。

2 取出准备好的榨汁机，选择搅拌刀座组合，倒入切好的水果，盖好盖子。

3 选择"榨汁"功能，榨出果汁。

4 断电后倒出果汁，装入杯中，再加入备好的酸奶，点缀上少许芒果果肉，冷藏即可。

营养功效

　　西瓜含有蛋白质、维生素B_2、葡萄糖、蔗糖、果糖等营养成分，具有和中止渴、助消化等功效；芒果富含维生素A，可保护视力；酸奶促进肠蠕动。本品可助消化、预防视力减退。

促进食欲　美白养颜

蓝莓猕猴桃奶昔

外表丑陋又怎样，不出众又怎样。
没有人能规定自己生来便讨人喜欢。
我的甘甜，我的酸涩，只有亲尝过的人才懂。

◉ 原料 *Ingredients* •

猕猴桃……60克

蓝莓……40克

酸奶……适量

奥利奥饼干碎……适量

◉ 做法 *Directions* •

1 猕猴桃洗净去皮，切成小块。

2 准备一碗清水，放入蓝莓，清洗干净，备用。

3 取榨汁机，倒入猕猴桃、蓝莓，注入适量的酸
   奶，榨汁。

4 将榨好的果汁倒入杯子，将备好的奥利奥饼干碎
   撒在奶昔上，冷藏即可。

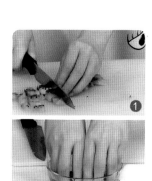

营养功效

　　蓝莓含有蛋白质、维生素、花青素、钙、铁、磷、钾、锌等营养成分，具有预防近视、增进视力、增强免疫力等功效；猕猴桃富含维生素C，可美白养颜、抗衰老。本品可促进食欲、增强免疫力。

补充营养　增进食欲

提子香蕉奶昔

营养功效

香蕉含有维生素A、维生素C、蛋白质、钾、锌、铁等营养成分，有增进食欲、助消化、保护神经系统等功效；牛奶富含优质蛋白和钙质，可预防骨质疏松。经常饮用本品，可以预防便秘、增进食欲。

◉ 原料 *Ingredients* ·

香蕉……80克

牛奶……100毫升

提子干……少许

◉ 做法 *Directions* ·

1　香蕉去皮切块，备用。

2　取榨汁机，倒入香蕉，注入适量牛奶。

3　盖上盖子，榨取果汁。

4　将榨好的果汁倒入杯子，加入适量提子干，再放入冰箱冷藏即可。

香蕉奶昔

舒缓神经　调节心情

⊙ 原料 *Ingredients* •

牛奶……180毫升

香蕉……130克

营养功效

香蕉含有蛋白质、果胶、维生素C、磷、钙、钾等营养成分，具有缓解压力、消除疲劳、促进肠胃蠕动等功效；牛奶利于人体的吸收和利用。本品适合女性饮用，可舒缓神经、调节心情。

⊙ 做法 *Directions* •

1 香蕉取果肉，切小块。

2 取榨汁机，倒入香蕉块，注入备好的牛奶，盖好盖子。

3 选择"榨汁"功能，搅拌均匀。

4 断电后倒出榨好的果汁，装入杯中，再放入冰箱冷藏即可。

蜂蜜香蕉奶昔

改善心情 保持健康

◉ 原料 *Ingredients* ●

香蕉……150克

牛奶……100毫升

蜂蜜……3克

肉桂……少许

◉ 做法 *Directions* ●

1 香蕉剥取果肉，切小块。

2 取备好的榨汁机，选择搅拌刀座组合，倒入切好的香蕉，淋入少许蜂蜜。

3 倒入洗净的肉桂，注入备好的牛奶，盖上盖。

4 选择"榨汁"功能，榨出果汁；断电后倒出榨好的香蕉奶昔，装入杯中，放入冰箱冷藏即成。

营养功效

香蕉含有蛋白质、维生素A、维生素C、钾、磷等营养成分，可缓解疲劳，还可满足体内钾的需求，同时还可以稳定血压、保护胃肠道。女性朋友们经常适量饮用本品，还能保持心情愉悦、身心健康。